网络空间安全专业规划教材

总主编　杨义先　　执行主编　李小勇

网络空间安全导论

雷 敏　李小勇　李 祺　苑 洁　编著

北京邮电大学出版社
www.buptpress.com

内 容 简 介

随着云计算、物联网、大数据、人工智能、工业控制网络等技术的快速发展,网络空间安全面临着新的挑战,网络空间作为继陆、海、空、太空之后的"第五维空间",已经成为各国角逐权力的"新战场"。

本书主要面对网络空间安全的初学者,力图通过轻松简单的讲述方式让读者掌握网络空间安全的基础知识。书中没有复杂的公式推导,叙述简明扼要,通过生动的案例来简化读者对问题的理解过程。全书共分为 10 章,内容涵盖了物理安全、网络安全、内容安全、数据安全等多个方面。

本书可作为高等学校及各类培训机构网络空间安全相关课程的教材或教学参考书。

图书在版编目(CIP)数据

网络空间安全导论 / 雷敏等编著 . -- 北京:北京邮电大学出版社,2018.8 (2023.8 重印)
ISBN 978-7-5635-5502-4

Ⅰ. ①网… Ⅱ. ①雷… Ⅲ. ①网络安全—高等学校—教材 Ⅳ. ①TN915.08

中国版本图书馆 CIP 数据核字(2018)第 163044 号

书　　　名:网络空间安全导论	
著作责任者:雷 敏 李小勇 李 祺 苑 洁 编著	
责 任 编 辑:徐振华 孙宏颖	
出 版 发 行:北京邮电大学出版社	
社　　　址:北京市海淀区西土城路 10 号 (邮编:100876)	
发 行 部:电话:010-62282185 传真:010-62283578	
E-mail:publish@bupt.edu.cn	
经　　　销:各地新华书店	
印　　　刷:北京虎彩文化传播有限公司	
开　　　本:787 mm×1 092 mm 1/16	
印　　　张:8	
字　　　数:192 千字	
版　　　次:2018 年 8 月第 1 版 2023 年 8 月第 5 次印刷	

ISBN 978-7-5635-5502-4　　　　　　　　　　　　　　　　　　　定　价:20.00 元

序
Prologue

作为最新的国家一级学科，由于其罕见的特殊性，网络空间安全真可谓是典型的"在游泳中学游泳"。一方面，蜂拥而至的现实人才需求和紧迫的技术挑战，促使我们必须以超常规手段，来启动并建设好该一级学科；另一方面，由于缺乏国内外可资借鉴的经验，也没有足够的时间纠结于众多细节，所以，作为当初"教育部网络空间安全一级学科研究论证工作组"的八位专家之一，我有义务借此机会，向大家介绍一下2014年规划该学科的相关情况，并结合现状，坦诚一些不足，以及改进和完善计划，以使大家有一个宏观了解。

我们所指的网络空间，也就是媒体常说的赛博空间，意指通过全球互联网和计算系统进行通信、控制和信息共享的动态虚拟空间。它已成为继陆、海、空、太空之后的第五空间。网络空间里不仅包括通过网络互联而成的各种计算系统（各种智能终端）、连接端系统的网络、连接网络的互联网和受控系统，也包括其中的硬件、软件乃至产生、处理、传输、存储的各种数据或信息。与其他四个空间不同，网络空间没有明确的、固定的边界，也没有集中的控制权威。

网络空间安全，研究网络空间中的安全威胁和防护问题，即在有敌手对抗的环境下，研究信息在产生、传输、存储、处理的各个环节中所面临的威胁和防御措施，以及网络和系统本身的威胁和防护机制。网络空间安全不仅包括传统信息安全所涉及的信息保密性、完整性和可用性，同时还包括构成网络空间基础设施的安全和可信。

网络空间安全一级学科，下设五个研究方向：网络空间安全基础、密码学及应用、系统安全、网络安全、应用安全。

方向1，网络空间安全基础，为其他方向的研究提供理论、架构和方法学指导；它主要研究网络空间安全数学理论、网络空间安全体系结构、网络空间安全数据分析、网络空间博弈理论、网络空间安全治理与策略、网络空间安全标准与评测等内容。

方向2，密码学及应用，为后三个方向（系统安全、网络安全和应用安全）提供密码机制；它主要研究对称密码设计与分析、公钥密码设计与分析、安全协议设计与分析、侧信道分析与防护、量子密码与新型密码等内容。

方向3，系统安全，保证网络空间中单元计算系统的安全；它主要研究芯片安全、系统软件安全、可信计算、虚拟化计算平台安全、恶意代码分析与防护、系统硬件和物理环境安全等内容。

方向4，网络安全，保证连接计算机的中间网络自身的安全以及在网络上所传输的信息的安全；它主要研究通信基础设施及物理环境安全、互联网基础设施安全、网络安全管理、网络安全防护与主动防御（攻防与对抗）、端到端的安全通信等内容。

方向5，应用安全，保证网络空间中大型应用系统的安全，也是安全机制在互联网应用或服务领域中的综合应用；它主要研究关键应用系统安全、社会网络安全（包括内容安全）、隐私保护、工控系统与物联网安全、先进计算安全等内容。

从基础知识体系角度看，网络空间安全一级学科主要由五个模块组成：网络空间安全基础、密码学基础、系统安全技术、网络安全技术和应用安全技术。

模块1，网络空间安全基础知识模块，包括：数论、信息论、计算复杂性、操作系统、数据库、计算机组成、计算机网络、程序设计语言、网络空间安全导论、网络空间安全法律法规、网络空间安全管理基础。

模块2，密码学基础理论知识模块，包括：对称密码、公钥密码、量子密码、密码分析技术、安全协议。

模块3，系统安全理论与技术知识模块，包括：芯片安全、物理安全、可靠性技术、访问控制技术、操作系统安全、数据库安全、代码安全与软件漏洞挖掘、恶意代码分析与防御。

模块4，网络安全理论与技术知识模块，包括：通信网络安全、无线通信安全、IPv6安全、防火墙技术、入侵检测与防御、VPN、网络安全协议、网络漏洞检测与防护、网络攻击与防护。

模块5，应用安全理论与技术知识模块，包括：Web安全、数据存储与恢复、垃圾信息识别与过滤、舆情分析及预警、计算机数字取证、信息隐藏、电子政务安全、电子商务安全、云计算安全、物联网安全、大数据安全、隐私保护技术、数字版权保护技术。

其实，从纯学术角度看，网络空间安全一级学科的支撑专业，至少应该平等地包含信息安全专业、信息对抗专业、保密管理专业、网络空间安全专业、网络安全与执法专业等本科专业。但是，由于管理渠道等诸多原因，我们当初只重点考虑了信息安全专业，所以，就留下了一些遗憾，甚至空白，比如，信息安全心理学、安全控制论、安全系统论等。不过值得庆幸的是，学界现在已经开始着手，填补这些空白。

北京邮电大学在网络空间安全相关学科和专业等方面，在全国高校中一直处于领先水平，从 20 世纪 80 年代初至今，已有 30 余年的全方位积累，而且，一直就特别重视教学规范、课程建设、教材出版、实验培训等基本功。本套系列教材主要是由北京邮电大学的骨干教师们，结合自身特长和教学科研方面的成果，撰写而成。本系列教材暂由《信息安全数学基础》《网络安全》《汇编语言与逆向工程》《软件安全》《网络空间安全导论》《可信计算理论与技术》《网络空间安全治理》《大数据服务与安全隐私技术》《数字内容安全》《量子计算与后量子密码》《移动终端安全》《漏洞分析技术实验教程》《网络安全实验》《网络空间安全基础》《信息安全管理（第 3 版）》《网络安全法学》《信息隐藏与数字水印》等 20 余本本科生教材组成。这些教材主要涵盖信息安全专业和网络空间安全专业，今后，一旦时机成熟，我们将组织国内外更多的专家，针对信息对抗专业、保密管理专业、网络安全与执法专业等，出版更多、更好的教材，为网络空间安全一级学科提供更有力的支撑。

杨义先

教授、长江学者

国家杰出青年科学基金获得者

北京邮电大学信息安全中心主任

灾备技术国家工程实验室主任

公共大数据国家重点实验室主任

2017 年 4 月，于花溪

Foreword 前言

Foreword

没有网络安全，就没有国家安全；没有网络安全人才，就没有网络安全。

为了更多、更快、更好地培养网络安全人才，国务院学位委员会正式批准增设"网络空间安全"一级学科。越来越多的高校申请"网络空间安全一级学科博士点"，并开办网络空间安全和信息安全专业。如今，许多高校都在努力培养网络安全人才，聘请优秀教师，招收优秀学生，建设一流的网络空间安全学院。

优秀教材是培养网络空间安全专业人才的关键。但是，写一本优秀教材却是一项十分艰巨的任务。原因有二：其一，网络空间安全的涉及面非常广，包括密码学、数学、计算机、操作系统、通信工程、信息工程、数据库、硬件等多门学科，因此，其知识体系庞杂，难以梳理；其二，网络空间安全的实践性很强，技术发展更新非常快，对环境和师资的要求很高。

"网络空间安全导论"是网络空间安全和信息安全专业的基础课程，通过本书对网络空间安全各知识面的介绍，读者可以掌握网络空间安全的基础知识。本书涉及的知识面较宽，共分为 10 章。

本书在撰写的过程中，参考了国内外的一些资料，在此对资料作者表示感谢！

本书既适合网络空间安全、信息安全等相关专业的学生作为教材和参考资料，也适合网络安全研究人员作为网络空间安全的入门基础读物。随着新技术的不断发展，今后将不断地更新本书内容。

由于作者水平有限，书中难免存在疏漏和不妥之处，欢迎读者批评指正。作者联系方式为 leimin@bupt.edu.cn。

编著者

2018 年 7 月

目录

Contents

第 1 章

网络空间安全概述

随着信息化的发展,以互联网为基础的计算、通信等重要信息基础设施在社会生活中发挥着重要作用,但也面临着诸多安全隐患。随着云计算、物联网、大数据、人工智能、工业控制网络等技术的快速发展,网络空间安全面临着新的挑战,网络空间作为继陆、海、空、太空之后的"第五维空间",已经成为各国角逐权力的"新战场"。

1.1 网络空间安全的基本认识

1.1.1 网络空间的概念

首先要明确"网络"的内涵与外延。一般认为,网络是由节点和连接边构成的,用来表示多个对象及其相互联系的互联系统。现实中的信息网络,可以抽象地概括为:将各个孤立的"端节点"(信息的生产者和消费者),通过"连接边"(物理或虚拟链路)将之连接在一起,进而实现各端节点间通过"交换节点"进行转发,以实现载荷在端节点之间进行交换。其中"载荷"是网络中数据与信息的表达形式,如电磁信号、光信号、量子信号、网络数据等。由此,网络包含了 4 个基本要素:端节点、连接边、交换节点和载荷。

以我们常用的发送 QQ 消息为例,当用户发送 QQ 消息时,端节点就为用户发送 QQ 消息时所使用的台式计算机、笔记本式计算机、手机或者 iPad 等终端;连接边就是终端设备所连接的网络,可以是家中的 WiFi,也可以是学生宿舍或者单位中的有线网络;交换节点就是腾讯公司的 QQ 服务器和网络中各种用于完成消息发送所需的网络设备;载荷就是 QQ 消息中发送的内容。

该定义反映出"网络"的含义很广泛,不仅互联网符合这一特征,电信网、物联网、传感网、工业控制网、广电网等各类信息网络都符合"网络"的描述,因而本书对网络的讨论就不再仅仅限于互联网。

网络空间可以简单定义为:网络空间是一种人造的电磁空间,其以终端、计算机、网络设备等为载体,人类通过在其上对数据进行计算、通信来实现特定的活动。在这个空间中,人、机、物可以被有机地连接在一起并进行互动,可以产生影响人们生活的各类信息,包括内容信息、商务信息、控制信息等。

为了进一步分析网络空间,需要在直观定义的基础上,进一步地给出学术性和技术性的定义。因此,学术上可以把网络空间定义为:网络空间是人类通过网络角色,依托信息通信技术系统来进行广义信号交互的人造活动空间。网络角色是指产生、传输广义信号的主体,反映的是人类的意志;信息通信技术系统包括互联网、电信网、无线网、移动网、广电网、物联网、传感网、工控网、卫星网、数字物理系统、在线社交网络、计算系统、通信系统、控制系统等光、电、磁或数字信息处理设施;广义信号是指基于光、电、声、磁等各类能够用于表达、存储、加工、传输的电磁信号,以及能够与电磁信号进行交互的量子信号、生物信号等信号形态,这些信号通过在信息通信技术系统中进行存储、处理、传输、展示而成为信息;活动是指用户以信息通信技术为手段,对广义信号进行操作并用以表达人类意志的行为,操作包括产生信号、保存数据、修改状态、传输信息、展示内容等,可称为"信息通信技术活动"。在该定义中,网络角色、信息通信技术系统、广义信号和活动共同反映出了网络空间的四要素(虚拟角色、平台、数据、活动),也反映出了虚拟角色的广义性、主体性与主动性,数据的广谱性,平台的广泛性和活动的目的性[1]。

1.1.2　网络空间安全的概念

网络空间中的任一信息系统或系统体系自底向上可分为设备层、系统层、数据层和应用层4个层次,每个层次都面临着不同的安全问题,相应地形成了网络空间安全的四层次模型,如表 1-1 所示。

表 1-1　网络空间安全的四层次模型

设备层的安全	网络空间中信息系统设备所面对的安全问题
系统层的安全	网络空间中信息系统自身所面对的安全问题
数据层的安全	网络空间中处理数据的同时所带来的安全问题
应用层的安全	信息应用的过程中所形成的安全问题

网络空间安全涉及在网络空间中电磁设备、信息通信系统、运行数据、系统应用中所存在的安全问题,既要防止、保护包括互联网、各种电信网与通信系统、各种传播系统与广电网、各种计算机系统、各类关键工业设施中的嵌入式处理器和控制器等在内的信息通信技术系统及其所承载的数据免受攻击,也要防止、应对运用或滥用这些信息通信技术系统而波及政治安全、经济安全、文化安全、社会安全、国防安全等情况发生。针对上述风险,需要采取法律、管理、技术、自律等综合手段来进行应对,确保信息通信技术系统及其所承载数据的机密性、可鉴别性、可用性、可控性得到保障[2]。

1.2　网络空间安全的发展历程

从信息论角度来看,系统是载体,信息是内涵。网络空间是所有信息系统的集合,是人类生存的信息环境,人在其中与信息相互作用并相互影响。因此,网络空间存在突出的信息安全问题,其核心内涵仍是信息安全。

信息安全是一个广泛而抽象的概念,从不同领域和不同角度对其概念的阐述会有所不同。在中华人民共和国国家质量监督检验检疫总局、中国国家标准化管理委员会发布的 GB/T 25069—2010《信息安全技术术语》中,信息安全是指保持、维持信息的保密性、完整性和可用性,也可包括真实性、可核查性、抗抵赖性和可靠性等性质。信息安全的目标是保证信息上述安全属性得到保持,从而对组织业务运行能力提供支撑。在商业和经济领域,信息安全主要强调的是消减并控制风险,保持业务操作的连续性,并将风险造成的损失和影响降到最低。对于建立在网络基础之上的现代信息系统,信息安全是指保护信息系统的硬件、软件及相关数据,使信息不因偶然或者恶意侵犯而遭受破坏、更改及泄露,保证信息系统能够连续、可靠、正常地运行。

随着全球社会信息化的深入发展和持续推进,相比物理的现实社会,网络空间中的数字社会在各个领域所占的比重越来越大。数量的增长带来了质量的变化,以数字化、网络化、智能化、互联化、泛在化为特征的网络社会,为信息安全带来了新技术、新环境和新形态,信息安全开始更多地体现在网络安全领域,反映在跨越时空的网络系统和网络空间之中,反映在全球化的互联互通之中。

因此,网络空间安全可以看作是信息安全的高级发展阶段,其发展历程如下。

1.2.1　通信保密阶段

通信保密阶段开始于 20 世纪 40 年代,其时代标志是 1949 年香农发表的《保密系统的信息理论》。在这个阶段所面临的主要安全威胁是搭线窃听和密码分析,其主要保护措施是数据加密。该阶段人们关心的只是通信安全,而且关心的对象主要是军方和政府机构。

本阶段需要解决的问题是在远程通信中拒绝非授权用户的访问以及确保通信的真实性,主要方式包括加密、传输保密、发射保密以及通信设备的物理安全。

1.2.2　计算机安全阶段

20 世纪 70 年代,网络空间安全的发展从通信保密阶段转变到计算机安全阶段。这一阶段的标志是 1977 年美国国家标准局公布的《国家数据加密标准》和 1985 年美国国防部公布的《可信计算机系统评估准则》。这些标准的提出意味着信息安全问题的研究和应用跨入了一个新的高度。

此阶段主要在密码算法及其应用和信息系统安全模型及评价两个方面取得了很大的进展。其中,1977 年美国国家标准局采纳了新开发出的分组加密算法;1976 年 Rivest、Shamir 和 Adleman 根据 Diffie、Hellman 在"密码学新方向"的开创性论文中提出的思想,创造了双密钥的公开密钥体制,简称为 RSA 算法;在该阶段还创造了一批用于数据完整性和数字签名的 HASH 算法。

1985 年美国国防部推出了可信计算机系统评价准则,该标准是信息安全领域中的重要创举,为后来英、法、德、荷四国联合提出的包含保密性、完整性和可用性概念的"信息技术安全评价准则"及"信息技术安全评价通用准则"的制定打下了基础。

1.2.3　信息安全阶段

20 世纪 90 年代以来,通信和计算机技术相互依存,数字化技术促进了计算机网络发展成为全天候、通全球、个人化、智能化的信息高速公路,国际互联网不断地向社会各个领域扩展,人们关注的对象已经逐步从计算机转向更具本质性的信息本身,信息安全的概念随之产生。

在这一时期,公钥技术得到了长足的发展,著名的 RSA 公开密钥密码算法获得了日益广泛的应用,用于完整性校验的 Hash 函数的研究应用也越来越多。

1.2.4　信息保障及网络空间安全阶段

由于针对信息系统的攻击日趋频繁以及电子商务的快速发展,安全的概念发生了以下变化。

① 信息的安全不再局限于信息的保护。人们需要对整个信息和信息系统进行保护和防御,包括保护、检测、反应和恢复能力。

② 信息的安全与应用更加紧密。其相对性、动态性、系统性等特征引起人们的注意,追求适度风险的信息安全成为共识。安全不再是单纯以功能或者机制技术的强度作为评价指标,而是结合了不同主体的应用环境和应用目标的需求,进行合理的计划、组织和实施。

在该阶段,美国国防部提出了信息保障的概念:"保护和防御信息及信息系统,确保其可用性、完整性、保密性、可审计性和不可否认性等特性。这些特性包括在信息系统的保护、检测、反应功能中,并提供信息系统的恢复能力。"

信息保障除了强调了信息安全的保障能力外,还提出了要重视系统的入侵检测能力、系统的事件反应能力,以及系统在遭到入侵破坏后的快速恢复能力。它关注信息系统整个生命周期的防御和恢复。

从信息安全各阶段的发展可以看出,随着信息技术本身的发展和信息技术应用的发展,信息安全的外延不断扩大,包含的内容从初期的数据加密到后来的数据恢复、信息纵深防御,直到如今网络空间安全概念的提出。只有把握了信息安全及网络空间安全发展的趋势,才能更好地建立满足现在和未来需求的网络空间安全体系。

1.3 网络空间常见安全威胁

1.3.1 生活中的网络安全问题

当今社会,不同年龄、职业、生活环境的人们都在使用网络,人们通过网络阅读新闻、查询信息、学习办公、购物娱乐、移动支付等。网络的普及给学习、工作和生活带来了极大的便利的同时,也带来诸多安全问题,网络安全早已和人们的生活密不可分。人们在日常生活中遇到各种网络安全问题,下面列举一些最为常见,而且危害性极大的网络安全问题。

1. 用户账号设置弱口令

当用户在使用个人 QQ、微博等时,用于个人用户设置的密码过于简单,也就是常说的口令为弱口令(Weak Password),导致用户的个人账号被不法分子盗取。弱口令没有严格和准确的定义,通常认为由常用的数字、字母等组合成的,容易被别人通过简单及平常的思维方式猜测到的或被破解工具破解的口令均为弱口令。常见的弱口令有以下几种。

① 空口令或系统默认的口令,例如,我们申请了一张银行卡,发卡银行给银行卡默认的口令为 666666,如果我们拿到银行卡以后不进行修改,当银行卡丢失或者被盗的时候,极易造成财产损失。

② 口令长度小于 8 个字符(例如:admin、123456)。

③ 口令为连续的某个字符(例如:aaaaaa)或重复某些字符的组合(例如:abcabc)。

④ 口令中包含本人、父母、子女和配偶的姓名和出生日期,纪念日期,登录名,E-mail 地址,手机号码等与本人有关的信息。此种类型的密码是非常危险的,例如,我们将银行卡密码设置为生日,如银行卡密码为 19790126,当存放银行卡和身份证的钱包丢失的时候,银行卡的密码很容易被猜到,极易造成财产损失。

⑤ 用数字或符号代替某些字母的单词作为口令。

⑥ 长时间不做更改的口令。

产生弱口令的原因应该与个人习惯与意识相关，为了避免忘记密码，使用一个非常容易记住的密码，或是直接采用系统的默认密码等。再者，相关的安全意识不够，没能深刻地意识到口令安全的重要性。

比较常见的弱口令有 123456、000000、666666。随着网络安全技术的发展，目前，大部分网站在设置用户密码的时候都需要使用数字和字母的组合，而且长度必须大于 8 位或者 10 位，因此上面提到的 123456、000000、666666 常见的弱口令基本已经可以避免。

但部分用户在设置账号的密码时，可能会使用账户用户名＋生日、账户用户名＋身份证号后 6 位、账户用户名＋手机号码等作为账号的密码，这些密码极容易被攻击者猜测到，故这些密码不安全。例如，用户张三申请了一个网站的账号，张三的手机号码为 18816881355，张三设置的账号为 zhangsan188，密码为 zhangsan881355，此种类型的密码不安全。表 1-2 是最为常见的 100 个弱口令。

表 1-2　最为常见的 100 个弱口令

序　号	弱口令	序　号	弱口令	序　号	弱口令	序　号	弱口令
1	123456789	26	0123456789	51	123456789abc	76	123456q
2	a123456	27	asd123456	52	z123456	77	123456aa
3	123456	28	aa123456	53	1234567899	78	9876543210
4	a123456789	29	135792468	54	aaa123456	79	110120119
5	1234567890	30	q123456789	55	abcd1234	80	qaz123456
6	woaini1314	31	abcd123456	56	www123456	81	qq5201314
7	qq123456	32	12345678900	57	123456789q	82	123698745
8	abc123456	33	woaini520	58	123abc	83	5201314
9	123456a	34	woaini123	59	qwe123	84	000000000
10	123456789a	35	zxcvbnm123	60	w123456789	85	as123456
11	147258369	36	1111111111111111	61	7894561230	86	123123
12	zxcvbnm	37	w123456	62	123456qq	87	5841314520
13	987654321	38	aini1314	63	zxc123456	88	z123456789
14	12345678910	39	abc123456789	64	123456789qq	89	52013145201314
15	abc123	40	111111	65	1111111111	90	a123123
16	qq123456789	41	woaini521	66	111111111	91	caonima
17	123456789.	42	qwertyuiop	67	0000000000000000	92	a5201314
18	7708801314520	43	1314520520	68	1234567891234567	93	wang123456
19	woaini	44	1234567891	69	qazwsxedc	94	abcd123
20	5201314520	45	qwe123456	70	qwerty	95	123456789..
21	q123456	46	asd123	71	123456..	96	woaini1314520
22	123456abc	47	000000	72	zxc123	97	123456asd
23	1233211234567	48	1472583690	73	asdfghjkl	98	aa123456789
24	123123123	49	1357924680	74	0000000000	99	741852963
25	123456.	50	789456123	75	1234554321	100	a12345678

2. 钓鱼网站攻击

钓鱼网站的网址通常与真实网址较为接近,页面形式也与真实网站较为相似,不法分子通过病毒等形式将钓鱼网址链接发送给用户,诱骗用户登录个人网银等账号,窃取用户信息,甚至骗取钱财。

例如,中国工商银行的网址是 http://www.icbc.com.cn/,有一些钓鱼网站会将网址设置为 http://www.1cbc.com.cn,网站的内容和 http://www.icbc.com.cn/网站完全相同。通过邮件或者短信的方式将钓鱼网站的链接地址发送给用户,邮件的内容是告知用户"在什么时间在什么地点有一笔中国工商银行的消费,需要用户去核实",有一些用户可能就会上当受骗,在假的 http://www.1cbc.com.cn 网站输入自己银行卡的卡号和密码,不法分子就可以获取用户的银行卡卡号和密码,从而造成财产损失。

3. 诈骗电话

2016 年 8 月 19 日,山东临沂 18 岁女孩徐玉玉接到了一个诈骗电话,即将进入南京邮电大学英语系就读的她被骗走 9 900 元学费。在与家人去派出所报案回来的路上,女孩心脏骤停,两天后离世。不法分子通过各种渠道获取学生的个人隐私信息,通过诈骗电话通知徐玉玉助学金要发放。因前一天也曾接到教育部门发放助学金的通知,她并未怀疑电话的真伪。按对方要求,她将准备交学费的 9 900 元打入了对方提供的账号。8 月 23 日凌晨,临沂市临沭县即将进入大二学期的山东理工大学学生宋振宁也在遭遇电信诈骗后心脏骤停,不幸离世。

4. WiFi 陷阱攻击

当人们出行的时候,总希望能访问免费的 WiFi,用于发送微信或者 QQ 等即时消息。不法分子在宾馆、饭店、咖啡厅等公共场所搭建免费 WiFi,通过免费的 WiFi 推送各种钓鱼网站,如假冒的淘宝网站,骗取用户使用,盗取用户的用户名和密码信息,并记录其在网上的所有操作记录;或是针对设置了弱口令的家用 WiFi 进行口令破解,实现对家用路由器的远程控制。

形形色色的网络安全事件频发,可见网络安全问题已经渗透到人们的日常生活当中。伴随着迅速发展的信息技术与信息服务不断超越现有的互联网监管体制,网上有害信息传播、病毒入侵、网络诈骗、黑客攻击等日趋严重,网络泄密事件屡有发生,网络犯罪呈现快速上升趋势,严峻的安全形势甚至危及国家安全和社会稳定。

1.3.2 我国网络空间安全面临的挑战

当前,我国信息安全环境日趋复杂,网络安全问题对互联网的健康发展带来日益严峻的挑战,网络安全事件的影响力和破坏程度不断扩大。这些问题主要体现在以下几个方面。

① 针对网络信息的破坏行为日益严重,利用网络进行违法犯罪的案件逐年上升。

鉴于互联网具有传播速度快、覆盖面广、隐蔽性强和无国界等特点,传统领域的违法犯罪活动逐渐向互联网渗透,网上违法犯罪案件逐年大幅上升,犯罪类型不断扩展,作案手段不断翻新,危害后果日趋严重。越来越多的高新技术被违法犯罪分子所利用,安全防范的难度越来越大,安全保障的要求越来越高。

② 安全漏洞和安全隐患增多,对信息安全构成严重威胁。

信息安全事件的发生,绝大多数都与利用、误用信息技术自身的缺陷有关,安全漏洞和安全隐患的存在已经成为我国网络与信息安全的长期威胁。首先,漏洞客观、广泛存在,易为人所用。信息技术的漏洞无处不在,涉及软硬件等各个方面,成为病毒、蠕虫、黑客攻击等安全问题的重要根源,是网络环境下失、窃密的重大隐患。其次,漏洞数量多,消除难度大。近年来随着信息技术和产品的广泛应用,漏洞数量出现倍增趋势,而且漏洞从发现到公开的时间间隔越来越短,使得漏洞消除的工作量与难度大幅度增加。最后,新业务、新应用安全风险高。随着云计算、物联网等互联网新业务、新应用的流行,新的问题和安全隐患凸显,这是未来我国网络治理面临的难题之一。

　③ 恶意代码对重要信息系统的安全造成严重影响。

　重要信息系统一旦遭受计算机病毒、网络蠕虫等恶意代码的侵害,将会造成严重的后果,轻则系统瘫痪,重则造成大范围社会和经济活动的动荡。近年来层出不穷的网络与信息安全事件表明,恶意代码对我国重要信息系统带来了极大的挑战。网络攻击也从以往单纯、零散的技术活动,向有组织、趋利性、规模化和跨国流动性的方向发展,尤其是以获取经济利益为目的的信息技术犯罪率增长迅速。

1.4　本书的结构

　本书共分为 10 章,其中第 1 章为网络空间安全概述,第 2 章为物理安全,第 3 章为网络安全,第 4 章为应用安全,第 5 章为 Web 应用安全,第 6 章为数据安全,第 7 章为网络舆情分析,第 8 章为网络空间安全实践,第 9 章为网络空间安全治理,第 10 章为新环境安全。

1.5　思　考　题

1. 网络空间安全的发展经历了哪几个阶段?
2. 弱口令的危害是什么? 举出几个常见弱口令。
3. 计算机安全阶段主要的任务是什么?
4. 网络空间安全的四层次模型是哪四层次?
5. 列举生活中常见的 5 种网络空间安全威胁。

第 2 章

物 理 安 全

2.1 物理安全概述

物理安全是保护计算机设备、设施(网络及通信线路)免遭地震、水灾、火灾等环境事故和人为操作失误或错误及各种计算机犯罪行为破坏的措施和过程。保证计算机信息系统各种设备的物理安全是保证整个信息系统安全的前提。

2.1.1 物理安全威胁

信息系统物理安全面临多种威胁,可能面临自然、环境和技术故障等非人为因素的威胁,也可能面临人员失误和恶意攻击等人为因素的威胁,这些威胁通过破坏信息系统的保密性(如电磁泄漏类威胁)、完整性(如各种自然灾害类威胁)、可用性(如技术故障类威胁)进而威胁信息的安全。物理安全的主要威胁如下。

① 自然灾害:主要包括鼠蚁虫害、洪灾、火灾、地震等。

② 电磁环境影响:主要包括断电、电压波动、静电、电磁干扰等。

③ 物理环境影响:主要包括灰尘、湿度、温度等。

④ 软硬件影响:设备硬件故障、通信链中断、系统本身或软件缺陷对信息系统安全可用造成的影响。

⑤ 物理攻击:物理接触、物理破坏、盗窃。

⑥ 无作为或操作失误:由于应该执行而没有执行相应的操作,或无意地执行了错误的操作,对信息系统造成的影响。

⑦ 管理不到位:物理安全管理无法落实、不到位,造成物理安全管理不规范,或者管理混乱,从而破坏信息系统的正常有序进行。

⑧ 越权或滥用:通过采用一些措施,超越自己的权限访问了本来无法访问的资源,或者滥用自己的职权,做出破坏信息系统的行为,如非法设备接入、设备非法外联。

⑨ 设计、配置缺陷:设计阶段存在明显的系统可用性漏洞,系统未能正确有效地配置,系统扩容和调节引起的错误。

2.1.2 物理安全需求

造成物理安全威胁的因素大体可以分为人为因素和环境因素两个方面,其中人为因素包括恶意和非恶意两种,环境因素包括自然界不可抗的因素和其他物理因素。针对不同的物理安全威胁,产生了两类主要的物理安全需求:设备安全和环境安全。

1. 设备安全

设备安全包括各种电子信息设备的安全防护,如电力能源供应、输电线路安全、保持电源的稳定性等。同时要注意保护存储媒体的安全性,包括存储媒体自身和数据的安全,防止电磁信息的泄露、线路截获,以及抗电磁干扰等。

2. 环境安全

要保证信息系统的安全、可靠,必须保证系统实体有一个安全的环境条件。这个环境就是指机房及其设施,它是保证系统正常工作的基本环境,应具备消防报警、安全照明、不间断供电、温湿度控制和防盗报警等条件。

2.2　设　备　安　全

设备可能会受到环境因素(如火灾、雷击)、未授权访问、供电异常、设备故障等方面的威胁,使组织面临资产损失、损坏,敏感信息泄露或商业活动中断的风险。因此,设备安全应考虑设备安置、供电、电缆、设备维护、办公场所外的设备及设备处置与再利用方面的安全控制。

设备安全主要包括计算机设备的防盗、防毁、防电磁泄漏辐射、抗电磁干扰及电源保护等。

2.2.1　防盗和防毁

计算机系统或设备被盗所造成的损失可能远远超过计算机设备本身的价值,因此,防盗和防毁是计算机防护的一项重要内容,应妥善安置及保护设备,以降低来自未经授权的访问及环境威胁所造成的风险。

设备的安置与保护应该考虑以下原则:

① 设备的布置应有利于减少对工作区的不必要的访问;

② 敏感数据的信息处理与存储设施应当妥善放置,降低在使用期间内对其缺乏监督的风险;

③ 要求特别保护的项目与存储设施应当妥善放置,降低在使用期间内对其缺乏监督的风险,要求特别保护的项目应与其他设备进行隔离,以降低所需保护的等级;

④ 采取措施,尽量降低盗窃、火灾等环境威胁所产生的潜在的风险;

⑤ 考虑实施"禁止在信息处理设施附近饮食、饮水和吸烟"等。

此外,针对设备的防盗和防毁,还可以采取以下措施。

① 设置报警器:在机房周围空间放置侵入报警器。侵入报警的形式主要有光电、微波、红外线和超声波。

② 锁定装置:在计算机设备中,特别是个人计算机中设置锁定装置,以防犯罪盗窃。

③ 计算机保险:在计算机系统受到侵犯后,可以得到损失的经济补偿,但是无法补偿失去的程序和数据,为此应设置一定的保险装置。

④ 列出清单或绘制位置图:最基本的防盗安全措施是列出设备的详细清单,并绘出其位置图。

2.2.2 设备管理

1. 设备维护

设备应进行正确维护,以确保其持续的可用性及完整性。设备维护不当会引起设备故障,从而造成信息不可用,甚至不完整。因此,组织应按照设备维护手册的要求和有关维护规程对设备进行适当的维护,确保设备处于良好的工作状态。设备维护应采取的相关措施如下:

① 按照供应商推荐的保养时间间隔和规范进行设备保养;

② 只有经授权的维护人员才能维修和保养设备;

③ 维修人员应具备一定的维修技术能力;

④ 应当把所有可疑故障和实际发生的事故记录下来;

⑤ 当将设备交付第三方机构进行保养时,应采取适当的控制,防止敏感信息的泄露。

2. 设备的处置和重复利用

设备在报废或再利用前,应当清除存储在设备中的信息。信息设备到期报废或被淘汰时,或设备改为他用时,处理不当会造成敏感信息的泄露。设备的处置和重复利用可采取的措施有:

① 在设备被处置或征得利用前,组织应采取适当的方法将设备内存储媒体的敏感数据及许可的软件清除;

② 应在风险评估的基础上履行审批手续,以决定对设备内装有敏感数据的存储设备的处置方法(消磁、物理销毁、报废或重新利用)。

3. 设备的转移

未经授权,不得将设备、信息或软件带离工作场地。在未经授权的情况下,不应让设备、信息或软件离开办公场地;应识别有权允许资产移动、离开办公场地的雇员、合同方和第三方用户;应设置设备移动的时间限制,并在返还时执行一致性检查,必要时可以删除设备中的记录,当设备返还时,再恢复记录。

2.2.3 电源安全

电源是计算机网络系统的命脉,电源系统的稳定可靠是计算机网络系统正常运行的先决条件。欠压或过压均会增加对计算机系统元器件的压力,加速其老化;电压波动可使磁盘驱动器工作不稳定而引起读、写错误;电压瞬间变动会造成元器件的突然损坏。为此,计算机系统对电源的基本要求,一是电压要稳,二是计算机工作时不能停电。电源调整器和不间断电源(Uninterruptible Power Supply,UPS)可向计算机系统提供稳定、不间断的电源。

此外,在计算机系统的安装过程中,要特别注意电源和地线的安装。计算机系统电源的输入电压规格繁多,在插电源之前必须仔细检查输入电压的标称值,确保输入电压和标称值相匹配。在开关机以及插拔电缆或饭卡时,要按照正确的操作顺序和方法进行,避免造成元器件损坏。

2.2.4 介质安全

存储媒介安全包括媒介本身的安全及媒介数据的安全。媒介本身的安全保护指防盗、防毁、防霉等。媒介数据的安全保护指防止记录的信息被非法窃取、篡改、破坏或使用。为了对不同程度的信息实施相应的保护,首先需要对计算机系统的记录根据其重要性和机密程度进行分类。

1. 一类记录:关键性记录

这类记录对设备的功能来说是最重要的、不可替换的,是火灾或其他灾害后立即需要,但又不能再复制的那些记录,如关键性程序、主记录、设备分配图表及加密算法和密钥等密级很高的记录。

2. 二类记录:重要记录

这类记录对设备的功能来说很重要,可以在不影响系统最主要功能的情况下进行复制备份,但这类记录的数量庞大,分类繁多,因此备份比较困难,如某些程序、存储及输入、输出数据等都属于此类。

3. 三类记录:游泳记录

这类记录的丢失可能引起极大的不便,但可以通过较快速度进行复制备份。已留副本的程序就属于此类。

4. 四类记录:不重要记录

这类记录在系统调试和维护中很少应用。

为了保证一般介质的存放安全和使用安全,介质的存放和管理应有相应的制度和措施:

① 存放有业务数据或程序的介质,必须注意防磁、防潮、防火、防盗;

② 对硬盘上的数据,要建立有效的级别、权限,并严格管理,必要时要对数据进行加密,以确保硬盘数据的安全;

③ 存放业务数据或程序的介质,管理必须落实到人,并分类建立登记簿;

④ 对存放有重要信息的介质,要备份两份并分两处保管;

⑤ 打印有业务数据或程序的打印纸,要视同档案进行管理;

⑥ 凡超过数据保存期的介质,必须经过特殊的数据清除处理;

⑦ 凡不能正常记录数据的介质,必须经过测试确认后销毁;

⑧ 对删除和销毁的介质数据,应采取有效措施,防止被非法复制;

⑨ 对需要长期保存的有效数据,应在介质的质量保证期内进行转储,转储时应确保内容正确。

2.3 机房环境安全

环境安全强调的是对系统所在环境的安全保护,包括机房环境条件、机房安全等级、机房场地的环境选择、机房的建设、机房的装修和计算机的安全防护等。

1. 机房组成

依据计算机系统的规模、性质、任务和用途等要求的不同以及管理体制的差异,计算机机房一般由主机房间、基本工作房间和辅助房间等组成。

2. 机房安全等级

为了对信息提供足够的保护,又不浪费资源,应该根据计算机机房的安全需求对机房划分不同的安全等级。根据 GB/T 9361—2011《计算机场地安全要求》中的"计算机机房的安全分类"划分,机房安全等级分为 A 类、B 类、C 类 3 级。

A 类:对计算机机房的安全有严格的要求,有完善的计算机机房安全措施。该类机房放置需要最高安全性和可靠性的系统和设备。

B 类:对计算机机房的安全有较严格的要求,有较完善的计算机机房安全措施。它的安全性介于 A 类和 C 类之间。

C 类:对计算机机房的安全有基本的要求,有基本的计算机机房安全措施。该类机房存放只需要最低限度的安全性和可靠性的一般性系统。

2.4 思 考 题

1. 物理安全面临的威胁有哪些?
2. 针对不同的物理安全威胁,产生了哪两类物理安全需求?
3. 设备的安置与保护应该考虑哪些原则?
4. 如何对计算机系统中不同重要程度的信息实施保护?
5. 计算机机房安全等级分为哪几级? 各个等级的要求是什么?

第 3 章

网 络 安 全

3.1 OSI 七层模型

3.1.1 OSI 七层模型概述

开放系统互连参考模型(Open Systems Interconnection Reference Model,OSI-RM)是国际标准化组织(International Organization for Standardization,ISO)发布的一个标准参考模型,该模型定义了网络中不同计算机系统进行通信的基本过程和方法。OSI 参考模型把网络通信分为 7 层,从低层到高层依次是物理层(Physical Layer)、数据链路层(Data Link Layer)、网络层(Network Layer)、传输层(Transport Layer)、会话层(Session Layer)、表示层(Presentation Layer)和应用层(Application Layer)。

OSI 参考模型中,每一层实现特定的功能,按照其功能,一般可以将这 7 层分为低层协议和高层协议两部分。其中,低层协议偏重于处理实际的信息传输,负责创建网络通信连接的链路,包括物理层、数据链路层、网络层和传输层;而高层协议偏重于处理用户服务和各种应用请求,负责端到端的数据通信,包括会话层、表示层和应用层。这 7 层的主要功能描述如下。

1. 物理层

物理层规定通信设备的机械的、电气的、功能的和过程的特性,用以建立、维护和拆除物理链路连接,这些特性包括网络连接时所需接插件的规格尺寸、引脚数量和排列情况、信号电平的大小、阻抗匹配等。常见协议包括 EIA/TIA RS-232、EIA/TIA RS-449、V.35、RJ-45 等。

2. 数据链路层

数据链路层负责监督相邻网络节点的信息流动,用检错或纠错技术来确保正确的传输,确保解决该层的流量控制问题。在数据链路层,数据通常被组合成帧(Frame)的格式加以传输。常见协议包括 SDLC、HDLC、PPP、STP 等。

3. 网络层

网络层为数据传送目的地寻址,再选择出传送数据的最佳路线。网络层管理网络数据传输的路由策略。常见协议包括 IP、IPX 等。

4. 传输层

传输层也称为运输层,用于控制数据流量,并且进行错误处理,以确保通信顺利。常见协议包括 TCP、UDP、SPX 等。

5. 会话层

会话层允许不同主机上的应用程序进行会话,或建立虚连接。举例来说,某个用户登录到一个远程系统,并与之交换信息,会话层管理这一进程,控制哪一方有权发送信息,哪一方必须接收信息。

6. 表示层

表示层以用户可理解的格式为上层用户提供必要的数据,如转换内码、解压等。在表示层可以提供如加解密等数据安全保护措施。

7. 应用层

应用层直接与用户和应用程序打交道,以达到展示给用户的目的。应用层为用户提供电子邮件、文件传输、远程登录和资源定位等服务。常见协议包括 Telnet、FTP、HTTP、SNMP 等。

分层协议的目的在于把各种特定的功能分离开来,并使其实现对其他层次来说是透明的。这种分层结构使各个层次的设计和测试相对独立。比如说,数据链路层和物理层分别实现不同的功能,物理层为前者提供服务,数据链路层不必理会服务是如何实现的。因此,物理层实现方式的改变将不会影响数据链路层。这一原理同样适用于其他连续的层次。

OSI 参考模型的每一层只与相邻的上下两层直接通信,当发送进程需要发送信息时,它把数据交给应用层。应用层对数据进行加工处理后,传给表示层。再经过一次加工后,数据被送到会话层。这一过程一直持续到物理层接收数据后进行实际的传输,每一次的加工又称为数据封装。

在另一端,顺序刚好相反,每一层都对数据进行解封装处理。物理层接收比特流后把数据传给数据链路层。后者执行某一特定功能后,把数据送往网络层,这一过程一直持续到应用层最终得到数据,并送给接收进程。OSI 七层协议通信过程如图 3-1 所示。

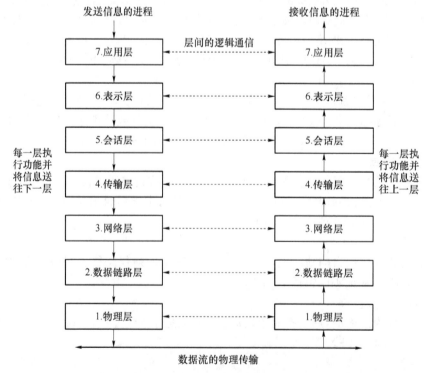

图 3-1　OSI 七层协议通信过程

3.1.2 OSI 安全体系结构

OSI 安全体系结构的研究开始于 1982 年。国标标准化组织于 1988 年发布了 ISO 7498-2 标准,该标准名称为《信息处理系统 开放系统互连 基本参考模型 第 2 部分:安全结构》(Information Processing Systems;Open Systems Interconnection;Basic Reference Model;Part 2;Security Architecture),描述了开放系统互连安全的体系结构,提出设计安全的信息系统的基础架构中应该包含的安全服务和相关的安全机制。1990 年,国际电信联盟(International Telecommunication Union,ITU)决定采用 ISO 7498-2 作为其 X.800 推荐标准。1995 年,我国颁布的国家标准《信息处理系统 开放系统互连 基本参考模型 第 2 部分:安全体系结构》(GB/T 9387.2—1995,等同于 ISO 7498-2)规定了基于 OSI 参考模型七层协议之上的信息安全体系结构。

OSI 安全体系结构的核心内容是:为保证异构计算机进程与进程之间远距离交换信息的安全,定义了系统应当提供的五类安全服务,以及支持提供这些服务的八类安全机制及相应的 OSI 安全管理,并根据具体系统适当地配置于 OSI 参考模型的七层协议中,如图 3-2 所示。

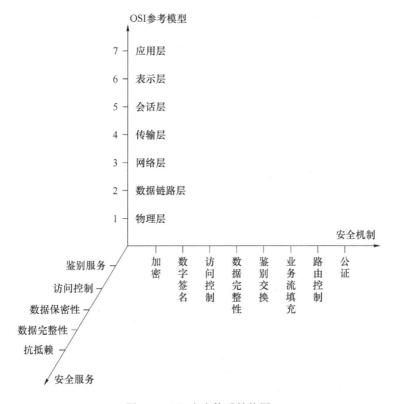

图 3-2 OSI 安全体系结构图

图 3-2 中,安全服务与安全机制的关系为:一种安全服务可以通过某种安全机制单独提供,也可以通过多种安全机制联合提供;一种安全机制可以用于提供一种安全服务,也可以用于提供多种安全服务。在 OSI 七层协议中除第五层(会话层)外,每一层均能提供相应的安全服务。

OSI 安全体系结构中的五类安全服务包括鉴别服务、访问控制、数据保密性、数据完整性和抗抵赖，其含义分别解释如下。

① 鉴别服务：也称认证服务，通过对实体身份的确认和对数据来源的确认，保证两个或多个通信实体的可信以及数据源的可信。

② 访问控制：用于防止未授权用户非法使用系统资源，这些资源包括 OSI 资源和通过 OSI 协议可以访问到的非 OSI 资源。该服务可应用于对资源的各种访问类型，如通信资源的使用和信息资源的读、写、删除等。

③ 数据保密性：为防止网络各系统之间交换的数据因被截获或被非法存取而泄密，提供机密保护。同时，对有可能通过观察信息流就能推导出信息的情况进行防范。

④ 数据完整性：用于防止非法实体对交换数据进行修改、插入、删除以及在数据交换过程中的数据丢失，保证收到的消息和发出的消息一致。该服务可用于抗击主动攻击。

⑤ 抗抵赖：用于防止发送方在发送数据后否认发送和接收方在收到数据后否认收到或伪造数据的行为。

OSI 安全体系结构的八种安全机制包括加密、数据签名、访问控制、数据完整性、鉴别交换、业务流填充、路由控制和公证等，其含义分别解释如下。

① 加密机制：提供对数据或信息流的保密，并可作为其他安全机制的补充。这种机制是确保数据安全性的基本方法。在 OSI 安全体系结构中应根据加密所在的层次及加密对象的不同，而采用不同的加密方法。

② 数字签名机制：是确保数据真实性的基本方法，利用数字签名技术可进行用户的身份认证和消息认证，它具有解决收、发双方纠纷的能力。

③ 访问控制机制：使用已鉴别的实体身份、实体的有关信息或实体的能力来确定并实施该实体的访问权限。当实体试图使用非授权资源或以不正确方式使用授权资源时，访问控制功能将拒绝这种企图并产生事件报警和/或记录下来作为安全审计跟踪的一部分。

④ 数据完整性机制：用于保证数据单元或数据流的完整性的各种机制。破坏数据完整性的主要因素有数据在信道中传输时受信道干扰影响而产生错误，数据在传输和存储过程中被非法入侵者篡改，计算机病毒对程序和数据的传染等。纠错编码和差错控制是对付信道干扰的有效方法。对付非法入侵者主动攻击的有效方法是身份认证，对付计算机病毒有各种病毒检测、杀毒和免疫方法。

⑤ 鉴别交换机制：通过实体交换来保证实体身份的各种机制。在计算机网络中认证主要有用户认证、消息认证、站点认证和进程认证等，可用于认证的方法有已知信息（如口令）、共享密钥、数字签名、生物特征（如指纹）等。

⑥ 业务流填充机制：在数据流空隙中插入若干位以阻止流量分析。攻击者通过分析网络中某一路径上的信息流量和流向来判断某些事件的发生，为了对付这种攻击，一些关键站点间在无正常信息传送时，持续传递一些随机数据，使攻击者不知道哪些数据是有用的，哪些数据是无用的，从而挫败攻击者的信息流分析。

⑦ 路由控制机制：能够为某些数据动态地或预定地选取路由，确保只使用物理上安全的子网络、中继站或链路。在大型计算机网络中，从源点到目的地往往存在多条路径，其中有些路径是安全的，有些路径是不安全的，路由控制机制可根据信息发送者的申请选择安全

路径,以确保数据安全。

⑧ 公证机制:利用可信的第三方来保证数据交换的某些性质。这种机制确证两个或多个实体之间数据通信的特征,包括数据的完整性、源点、终点及收发时间等。这种保证由通信实体信赖的第三方——公证员——提供。在可检测方式下,公证员掌握用以确证的必要信息。公证机制提供服务还使用到数字签名、加密和完整性服务。

3.2　网络安全威胁

网络安全威胁主要来自攻击者对网络及信息系统的攻击。攻击者可以通过网络嗅探、网络钓鱼、拒绝服务攻击、远程控制等网络攻击手段,获得目标计算机的控制权,或获取有价值的数据和信息等。

3.2.1　网络嗅探

网络嗅探是通过截获、分析网络中传输的数据而获取有用信息的行为。嗅探器是一种监视网络数据运行的软件设备,它利用计算机网络接口截获其他计算机的数据报文。嗅探器工作在网络环境中的底层,它会监听正在网络上传送的数据,通过相应软件可实时分析数据的内容。网络嗅探的攻击方式如图 3-3 所示。

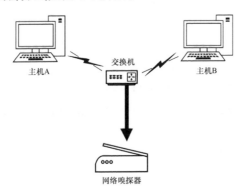

图 3-3　网络嗅探

通过嗅探技术,攻击者可以攫取网络中传输的大量敏感信息,如网站浏览痕迹、各种网络账号和口令、即时通信软件的聊天记录等。

3.2.2　网络钓鱼

网络钓鱼是指攻击者利用伪造的网站或欺骗性的电子邮件进行的网络诈骗活动。攻击者通过技术手段将自己伪装成网络银行、网上卖家和信用卡公司等,骗取用户的机密信息,盗取用户资金;网络钓鱼的攻击目标包括用户的网上银行和信用卡号、各种支付系统的账号及口令、身份证号码等信息。

网络钓鱼攻击会用到多种方法和手段,包括技术手段和非技术手段。以下是一些常见的攻击手段。

1. 伪造相似域名的网站

用户鉴别网站的常用方法是检查地址栏中显示的统一资源定位符,也就是网站对应的 URL 是否正确。为达到欺骗目的,攻击者会注册一个网址,它看起来与真实网站的网址非常相似,从而迷惑用户。例如,攻击者使用 www.1cbc.com.cn 来假冒中国工商银行官方网站 www.icbc.com.cn,而且 www.1cbc.com.cn 网站的内容和中国工商银行官网 www.icbc.com.cn 的内容几乎完全相同。

2. 显示 IP 地址而非域名

域名因其具有一定的含义而简单易记,但 IP 地址没有任何规律而且很长,用户很难记住 IP 地址。攻击者通常会采用显示 IP 地址而不是域名的方法来欺骗受害者,如用 http://210.93.131.250 来代替真实网站的域名,受害者往往很难注意 IP 地址与 DNS 之间的对应关系,从而上当受骗。

3. 超链接欺骗

超链接在本质上属于网页的一部分,它是一种允许网页或站点之间进行连接的元素。各个网页连接在一起,才能构成一个网站。超链接是指从一个网页指向一个目标的连接关系,这个目标可以是另一个网页,也可以是相同网页上的不同位置,还可以是图片、电子邮件地址、文件或应用程序等。一个超链接的标题可以完全独立于它实际指向的 URL,攻击者利用这种显示和运行间的差异,在链接的标题中显示一个 URL,而链接实际指向一个完全不同的 URL。用户看到显示的 URL 链接时,往往不会去检查其链接的实际 URL,从而上当受骗。

4. 弹出窗口欺骗

攻击者可以在网页中嵌入一个弹出窗口来收集用户的信息。用户在浏览器中显示真实网页的网址,但在该页面上弹出一个简单窗口,要求用户输入个人信息,从而导致信息泄露。

3.2.3 拒绝服务攻击

拒绝服务(Denial of Service,DoS)攻击是指攻击者通过各种非法手段占据大量的服务器资源,致使服务器系统没有剩余资源提供给其他合法用户使用,进而造成合法用户无法访问服务的一种攻击方式。这是一类危害极大的攻击,严重时会导致服务器瘫痪。

分布式拒绝服务(Distributed Denial of Service,DDoS)攻击是一种由 DoS 攻击演变而来的攻击手段。攻击者可以在被控制的多台(有时多至上万台)机器上安装 DoS 攻击程序,通过统一的攻击控制中心在合适时机发送攻击指令,使所有受控机器同时向特定目标发送尽可能多的网络请求,形成 DDoS 攻击,导致被攻击服务器无法正常提供服务,甚至瘫痪。

同步泛洪(Synchronize Flooding,SYN Flooding)攻击是当前常见的拒绝服务攻击方式之一,它利用 TCP 协议缺陷,发送大量伪造的 TCP 连接请求,耗尽被攻击方(应答方)资源,消耗中央处理器或内存资源,从而导致被攻击方(应答方)无法提供正常服务。正常的 TCP 连接过程如图 3-4 所示,SYN Flooding 攻击的攻击过程如图 3-5 所示。

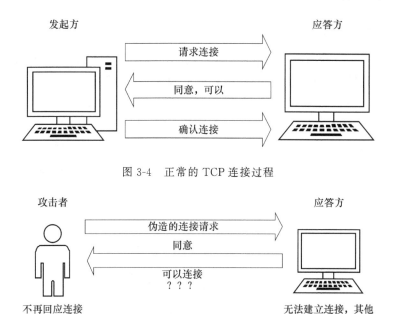

图 3-4　正常的 TCP 连接过程

图 3-5　SYN Flooding 攻击过程

3.2.4　远程控制

攻击者通过各种非法手段成功入侵目标主机后,希望对目标主机进行远程控制,从而进一步控制目标主机,以便轻松获取目标主机中有价值的数据。攻击者主要利用木马来实现对目标主机的远程控制,此外,还可以通过 WebShell 对 Web 服务器进行远程控制。

WebShell 可以接收用户命令,然后调用相应的应用程序。WebShell 可以理解为一种 Web 脚本编写的木马后门程序,它可以接收来自攻击者的命令,在被控制主机上执行特定的功能。WebShell 以 ASP、PHP 等网页文件的形式存在,攻击者首先利用网站的漏洞将这些网页文件非法上传到网站服务器的网站目录中,然后通过浏览器访问这些网页文件,利用网页文件的命令行执行环境,获得对网站服务器的远程操作权限,以达到控制网站服务器的目的。

3.3　网络安全威胁的应对措施

网络的发展为人们的工作和生活带来极大便利的同时,也带来各种安全隐患。攻击者利用网络协议和软件安全漏洞对信息系统进行攻击;各种计算机病毒和木马程序在网络上传播并危害信息系统;攻击者盗取各种隐私信息给公民的财产造成巨大损失,日益频发的网络安全问题给人们的日常工作和生活带来极大威胁。为了应对这些网络安全威胁,各种技术和网络安全设备被应用。常用的网络安全技术有加解密技术、身份认证技术、访问控制技术、VPN 技术,常用的网络安全设备有防火墙设备和入侵检测系统。

3.3.1 加密与解密

信息在不安全的公共通道中传输时,可能会被攻击者截获,并获取信息内容。截获是指一个非授权方介入系统,窃听传输的信息,导致信息泄露。它破坏了信息的保密性,如图 3-6 所示。非授权方可以是一个人,也可以是一个程序。截获攻击主要包括:通过嗅探和监听等手段截获信息,从而推测出有用信息,如用户口令、账号等,文件或程序的不正当复制等。

图 3-6 截获

加密信息是保证信息保密性的主要技术手段,通过加密将消息变成他人"看不懂"的信息,这样即使有人截获信息,也无法获知信息的原文内容。

数据加密是指将明文信息采取数学方法进行函数转换,将其转换成密文,只有特定接收方才能将其解密并还原成明文的过程,数据加密主要涉及三要素:明文、密钥、密文。

明文(Plaintext)是加密前的原始信息;密文(Ciphertext)是明文被加密后的信息;密钥(Key)是控制加密算法和解密算法得以实现的关键信息,分为加密密钥和解密密钥;加密(Encryption)是将明文通过数学算法转换成密文的过程;解密(Decryption)是将密文还原成明文的过程。数据加密模型详见图 3-7。不同于古典密码学,现代密码学中的加解密算法是可以公开的,需要保密的只是密钥。不知道密钥,攻击者是无法解密密文的,即使截获了密文,他看到的也只是一些乱码,不能获知明文是什么。

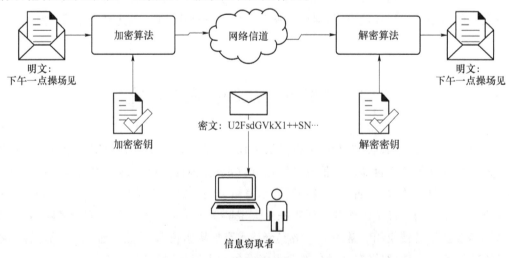

图 3-7 数据加密模型

加密可以采用密码算法来实现,密码算法从密钥使用角度,可分为对称密码算法和非对称密码算法。

1. 对称密码算法

对称密码算法(也称单钥或私钥密码算法):发送和接收数据的双方必须使用相同的密钥对明文进行加密和解密运算,也就是说加密和解密使用的是同一密钥。这里的同一密钥,是指完全相同的密钥,或者由一个很容易推导出另外一个。

对称密码算法就如同现实生活中保密箱的机制,一般来说,保密箱上的锁有多把相同的钥匙。发送方把消息放入保密箱并用锁锁上,然后不仅把保密箱发送给接收方,而且还要把钥匙通过安全通道送给接收方,当接收方收到保密箱后,再用收到的钥匙打开保密箱,从而获得箱中的消息。对称密码算法如图 3-8 所示。

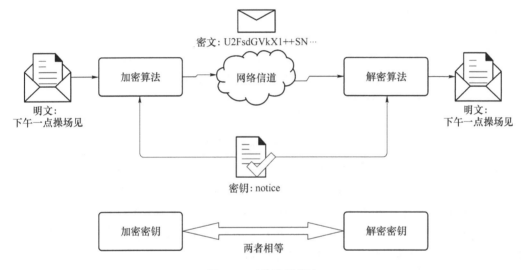

图 3-8　对称密码算法

典型的对称密码算法包括数据加密标准(Data Encryption Standard,DES)、3DES、国际数据加密算法(International Data Encryption Algorithm,IDEA)、高级加密标准(Advanced Encryption Standard,AES)等,其中 DES 在目前的计算能力下,安全强度较弱,已较少使用,当前主要使用 AES 或 3DES 等密码算法。对称密码算法可以分为流密码(Stream Cipher)和分组密码(Block Cipher)。

对称密码算法的主要优点有:加密和解密的算法简单,计算量小,速度较快,具有很高的数据吞吐率;算法不仅能实现较高的吞吐率,而且易于硬件实现,硬件加解密的处理速度快,适合用来加密大量数据;对称密码算法中使用的密钥相对较短,一般采用128 bit、192 bit 或256 bit 的密钥;密文长度与明文长度相同。

对称密码算法的主要缺点有:密钥分发需要安全通道;密钥量大,难于管理;无法解决对消息的篡改、否认等问题;因为通信双方拥有同样的密钥,所以接收方可以否认接收到某消息,发送方也可以否认发送过某消息。例如,当主体 A 收到主体 B 的电子文档(电子数据)时,无法向第三方证明此电子文档确实来源于 B。

2. 非对称密码算法

针对传统对称密码算法存在的诸如密钥分配、密钥管理和没有签名功能等局限性,1976年 W. Diffie 和 M. E. Hellman 提出了非对称密码的新思想。非对称密码算法也称双钥或公钥密码算法(Public Key Cryptosystem,PKC),是指对信息进行加密和解密时所使用的密钥是不同的,即有两个密钥,一个是可以公开的(称为公钥),一个是私有的(称为私钥),这两个密钥组成一个密钥对。使用公钥对数据进行加密,则只有用对应的私钥才能解密。非对称密码算法如图 3-9 所示。

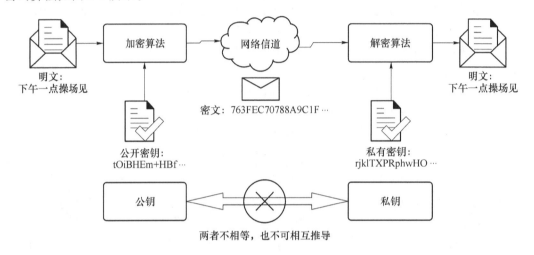

图 3-9　非对称密码算法

非对称密码算法如同目前大家都熟悉的电子邮件机制,每个人的电子邮件地址是公开的,发信人根据公开的电子邮件地址向指定人发送信息,而只有电子邮件地址合法用户(知道口令)才可以打开这个电子邮件并获得消息。上述电子邮件地址可以看作公钥,而电子邮件合法用户的口令可以看作私钥。发件人把信件发送给指定的电子邮件地址,而只有知道这个用户电子邮件口令的用户才能进入这个邮箱。

迄今为止,人们已经设计出许多非对称密码算法,如基于背包问题的 Merkle-Hellman 背包公钥密码算法、基于大整数因子分解问题的 RSA 和 Rabin 公钥密码算法、基于有限域中离散对数问题的 Elgamal 公钥密码算法、基于椭圆曲线上离散对数问题的椭圆曲线公钥密码算法等。这些密码算法都基于某个计算难题,如果出现新技术使得该计算难题变得易于解决,则该密码算法就不安全了。

非对称密码算法的优点主要有:密钥的分发相对容易,在非对称密码算法中,公钥是公开的,而用公钥加密的信息只有对应的私钥才能解开,所以,当用户需要与对方发送对称密钥时,只需利用对方公钥加密这个密钥,而这个加密信息只有拥有相应私钥的对方才能解开并得到对称密钥;密钥管理简单,非对称密码算法下,用户不需要持有大量的密钥,因此密钥管理相对简单;可以提供对称密码算法无法或很难提供的不可否认性或认证服务(如数字签名)。

非对称密码算法的缺点有:与对称密码算法相比,非对称密码算法加解密运算复杂,速度较慢,耗费资源较多,不适合加密大量数据,因此常用来加密较短的信息,如密钥;同等安全强度下,非对称密码算法要求的密钥位数要多一些,同理,输入参数大,密钥作为参数一部分也会随之增大。

3. 哈希函数

对称密码算法和非对称密码算法主要解决的是信息的机密性问题,而实际系统和网络还可能受到消息篡改等攻击,如何确保信息的完整性,密码学的解决方法之一是哈希(Hash)函数。

篡改是以非法手段窃得对信息的管理权,如通过未授权的创建、修改、删除和重放等操作。它破坏了信息的完整性,如图 3-10 所示。篡改攻击主要包括:改变数据文件,如修改信件内容等;改变程序,使其不能正确运行等。

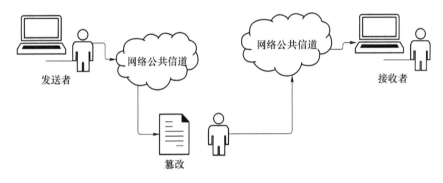

图 3-10 篡改

哈希函数也称为杂凑函数或单向散列函数。哈希函数接收消息作为输入,输出一个称为哈希值(也称为散列值、消息摘要或指纹)的输出。哈希值可以看作该输入消息的指纹,它的优点是:输入的消息即使仅改变 1 bit 的内容,输出的哈希值都会发生变化。因此,我们可以通过哈希值是否发生改变来判断消息是否被篡改。

哈希函数的特点之一是单向性,即由输入(信息)计算出输出(哈希值)是容易的,但由输出(哈希值)计算出输入(信息)是困难的。此外,哈希函数还有一个特点是可以将任意长度的数据处理成大小固定(长度通常较短)的输出。例如,几百兆或几千兆的数据经过哈希函数处理,得到一个 128 bit 长度(相当于 16 个字符长度)的哈希值。当前常用的哈希函数有:Ron Rivest 设计的 MD5 系列算法;美国国家安全局所设计的安全哈希算法(Secure Hash Algorithm,SHA),1993 年它作为联邦信息处理标准被发布。

下面以软件下载为例,说明哈希函数如何保护信息的完整性。我们常常需要从网上下载软件,但是下载的软件是否和发布者所制作的软件完全一致,是否有恶意程序植入软件,我们则不得而知。为了防止软件被篡改,软件发布者会在发布软件的同时,发布该软件的哈希值,如图 3-11 所示。

Version		Checksum			Size
5.5.19 / PHP 5.5.19	What's Included?	md5	sha1	Download (32 bit)	143 Mb
5.6.3 / PHP 5.6.3	What's Included?	92c83575d6390045355693676212c94a		bit)	143 Mb

图 3-11 哈希函数在软件下载中的应用

下载软件后,用户可以使用软件工具(如 Hash 校验工具)来计算文件的 MD5、SHA1 值,然后与该软件网站上公布的哈希值进行对比。通过对比,用户可以确认自己下载的软件文件是否与网站发布的软件文件一致,如果一致,则下载的软件没有被篡改。

3.3.2 身份认证

身份认证是用户登录系统或网站面对的第一道安全防线,如输入账号口令来登录。用户只有通过服务器鉴别后,才能被认为是合法用户,具有一定的访问权限。

1. 身份认证基本方法

身份认证(又称身份识别、身份鉴别)技术的提出,主要是因为在开放的网络环境中,服务提供者需要通过身份鉴别技术判断提出服务申请的网络实体是否拥有其所声称的身份。

身份认证是在计算机网络中确认操作者身份的过程。身份认证可分为用户与主机间的认证和主机与主机间的认证。身份认证一般依据以下 3 种基本情况或这 3 种情况的组合来鉴别用户身份:

① 用户所知道的东西,如口令、密钥等;

② 用户拥有的东西,如印章、U 盾(USB Key)等;

③ 用户所具有的生物特征,如指纹、声音、虹膜、面部等。

身份认证过程可以是单向认证、双向认证和第三方认证。常见的单向认证是服务器对用户身份进行鉴别。双向认证则需要服务器和用户双方鉴别彼此身份。第三方认证则是服务器和用户通过可信第三方来鉴别身份,如图 3-12 所示。

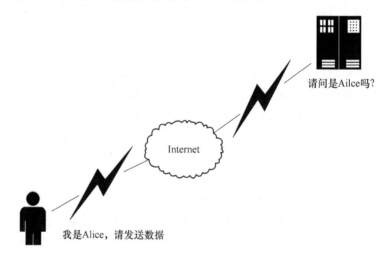

请问是Ailce吗?

Internet

我是Alice,请发送数据

图 3-12 身份认证过程

2. 常见身份认证应用举例

下面简单介绍几种常见的身份认证应用。

(1) 静态口令认证

用户设定自己的口令,每次认证输入该口令。例如,在打开计算机时,输入正确的 Administrator 口令,操作系统就认为该用户是合法用户。然而许多用户为了防止忘记密码,经常采用诸如生日日期、电话号码等容易被猜测的字符串作为口令,或者把口令抄在纸上放在一个自认为安全的地方,这样很容易造成密码泄露。此外,在验证过程中,如果计算机中被黑客植入木马程序,口令很可能就被截获。静态密码机制无论是使用还是部署都非常简单,但从安全性上讲,账号/口令方式不是一种安全的身份认证方式。

(2) 动态短信口令认证

短信口令认证是一种利用移动网络的动态口令认证方式。短信口令认证以手机短信形式请求包含 6 位随机数的动态口令,身份认证系统以短信形式发送随机的 6 位动态口令到客户的手机上。客户在认证的时候输入此动态口令即可。由于手机与客户绑定比较紧密,短信口令生成与使用场景是物理隔绝的,因此口令在通路上被截取的概率较低。

(3) 动态口令牌认证

动态口令牌是指客户手持一个用来生成动态口令的终端,生成身份认证使用的一次口令,是一种动态口令认证方式。主流的动态口令牌认证是基于时间同步方式的,每 60 s 变换一次动态口令,基于时间同步方式的动态口令牌存在 60 s 的时间窗口,导致该密码在这 60 s 内存在风险。现在已有基于事件同步的双向认证的动态口令牌。基于事件同步的动态口令,以用户动作触发的同步原则,真正做到了一次一个密码,并且由于是双向认证,即服务器验证客户端,同时客户端也需要验证服务器,从而达到杜绝木马网站的目的。

由于动态口令牌使用起来非常便捷,它被广泛地应用在网上银行、电子政务、电子商务等领域。

① USB Key 认证

基于 USB Key 的身份认证方式是近几年发展起来的一种方便、安全的身份认证技术。它采用软硬件相结合的挑战应答认证模式。USB Key 是一种 USB 接口的硬件设备,它内置于单片机或智能卡芯片,可以存储用户的密钥或数字证书,利用 USB Key 内置的密码算法实现对用户身份的认证。挑战应答认证模式,即认证系统发送一个随机数(挑战),用户使用 USB Key 中的密钥和算法计算出一个数值(应答),认证系统对该数值进行检验,若正确则认为是合法用户。

② 生物识别技术

生物识别技术是通过生物特征进行身份认证的一种技术。生物特征是指唯一的可以测量或可自动识别和验证的生理特征或行为方式。身体特征主要包括指纹、掌形、视网膜、虹膜、人体气味、脸形、手的血管和 DNA 等;行为特征主要包括签名、语音、行走步态等。目前,指纹识别技术广泛应用于门禁系统、微型支付等。

生物识别技术比传统的身份鉴定方法更具安全性、保密性和方便性。生物特征识别技术具有不易遗忘、防伪性能好、不易伪造或被盗、随身"携带"和随时随地可用等优点。目前已经出现了许多生物识别技术,如指纹识别、手掌几何学识别、虹膜识别、视网膜识别、面部识别、签名识别、声音识别等,但其中一部分技术含量高的生物识别手段还处于实验阶段。随着科学技术的飞速进步,将有越来越多的生物识别技术应用到实际重要场所的出入控制的门禁系统中。

a. 指纹识别

实现指纹识别有多种方法。其中有些比较指纹的局部细节;有些直接通过全部特征进行识别;还有一些使用比较独特的方法,如指纹的波纹边缘模式和超声波。

指纹识别系统技术已经非常成熟,因此系统的价格低廉,而且系统的体积较小。因此指纹识别系统不但可以用在门禁系统中,而且在很多重要的服务器和大型主机的访问控制系统中也使用,当某些服务器和大型主机登录需要生物控制技术时,也可使用指纹识别技术。

b. 手掌几何学识别

手掌几何学识别就是通过测量使用者的手掌和手指的物理特征来进行识别,高级的产品还可以识别三维图像。手掌几何学识别不仅性能好,而且使用比较方便。它适用于用户人数比较多的场合。这种技术的准确性非常高,同时可以灵活地调整生物识别技术性能,以适应相当广泛的使用要求。手形读取器使用的范围很广,且很容易集成到其他系统中,因此成为许多生物识别项目中的首选技术。

c. 声音识别

声音识别就是通过分析使用者的声音的物理特性来进行识别的技术。目前虽然已经有一些声音识别产品进入市场,但使用起来还不太方便,这主要是因为传感器和人的声音可变性都很大。另外,比起其他的生物识别技术,它使用的步骤比较复杂,在某些场合显得不方便。

d. 视网膜识别

视网膜识别使用光学设备发出的低强度光源扫描视网膜上独特的图案。视网膜扫描是十分精确的,但它要求使用者注视接收器并盯住某点,这对于佩戴眼镜的人来说很不方便,而且人的眼部与接收器的距离很近,让人感到不便。所以尽管视网膜识别技术本身很好,但用户的接受程度很低。

e. 虹膜识别

虹膜是一个环形区域,被透明的角膜层覆盖,呈现出一种复杂的放射状纹理,这些纹理具有极高的复杂多样性。虹膜识别技术就是采集、提取、分析和比较这些复杂纹理的差异性。虹膜识别的错误率极低。在采集虹膜图像时,虹膜识别系统对虹膜区域的大小等会进行校正,以便解决瞳孔下意识地缩小和放大,具有极强的适应性。

f. 面部识别

面部识别又称人脸识别、面相识别、面容识别等,面部识别使用通用的摄像机作为识别信息获取装置。以非接触的方式获取识别对象的面部图像,计算机系统在获取图像后,与数据库图像进行比对,以完成识别过程。面部识别具有实时、准确、精度高、易于使用、稳定性高、难仿冒、性价比高和非侵扰等特性,较容易被用户接受。

g. 静脉识别

静脉识别是指通过静脉识别仪来取得个人手指静脉分布图,并将特征值存储。当需要使用静脉识别技术进行比对时,实时采取静脉图的提取特征值进行匹配,从而完成个人身份鉴别。该技术克服了传统指纹识别速度慢,手指有污渍或手指皮肤脱落时无法识别等缺点,提高了识别效率。静脉识别分为指静脉识别和掌静脉识别,两者都具备精确度高、活体识别等优势。指静脉识别反应速度快,掌静脉识别安全系数较高。

h. 步态识别

步态识别使用摄像头采集人体行走过程的图像序列,进行处理后同存储的数据进行比较,来达到身份识别的目的。步态识别作为一种生物识别技术,具有其他生物识别技术所不具有的独特优势,即在远距离或低视频质量情况下的识别潜力,步态难以隐藏或伪装等。但是还存在很多问题制约其发展,例如,拍摄角度改变,被识别人的衣着不同,携带物品变化,所拍摄的图像进行轮廓提取的时候会发生改变,影响识别效果。

③ 双因素认证

所谓双因素认证就是将两种认证方法结合起来,进一步加强认证的安全性。双因素认证一般基于用户所知道的和用户所用的。目前使用最为广泛的双因素有 USB Key 加静态口令、口令加指纹识别与签名等。

3.3.3　防火墙

1. 防火墙的基本概念

防火墙(Firewall)是指设置在不同网络(如可信任的企业内部网和不可信的公共网)或网络安全区域(Security Zone)之间的一系列部件的组合。它是不同网络或网络安全域之间信息的唯一出入口,能根据企业的安全政策控制(允许、拒绝、监测)出入网络的信息流,且本身具有较强的抗攻击能力。防火墙结构示意图如图 3-13 所示。

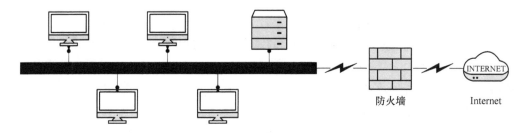

图 3-13　防火墙结构示意图

在 2015 年我国发布的编号为 GB/T 20281—2015 的国家标准《信息安全技术 防火墙安全技术要求和测试评价方法》中对防火墙定义为:部署于不同安全域之间,具备网络层访问控制及过滤功能,并具备应用层协议分析、控制及内容检测等功能,能够适用于 IPv4、IPv6 等不同的网络环境的安全网关产品。

随着技术的不断进步,防火墙逐步发展到第二代防火墙,防火墙的定义也在不断变化。在 2014 年我国发布的编号为 GA/T 1177—2014 的中华人民共和国公共安全行业标准《信息安全技术第二代防火墙安全技术要求》,在国内首次提出了第二代防火墙的定义。第二代防火墙即下一代防火墙(Next Generation Firewall,NG Firewall),除了具备第一代防火墙的基本功能之外,还具有应用流量识别、应用层访问控制、应用层安全防护、用户控制、深度内容检查、高性能等特征。

下一代防火墙可以全面应对应用层威胁,通过深入洞察网络流量中的用户、应用和内容,并借助全新的高性能单路径异构并行处理引擎,能够为用户提供有效的应用层一体化安全防护,帮助用户安全地开展业务并简化用户的网络安全架构。

2. 防火墙功能

随着防火墙的不断发展,其功能越来越丰富,但是防火墙最基础的两大功能仍然是"隔离"和"访问控制"。"隔离"功能就是在不同信任级别的网络之间砌"墙",而"访问控制"就是在墙上开"门"并派驻守卫,按照安全策略来进行检查和放通。一个典型的企业网的防火墙部署如图 3-14 所示。

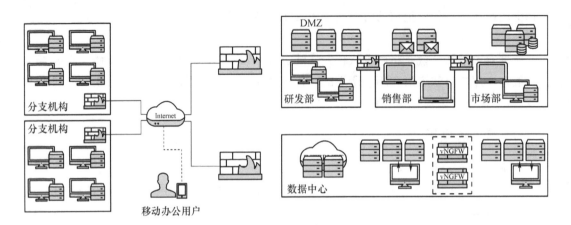

图 3-14　典型的企业网的防火墙结构示意图

防火墙的主要作用通常包括以下几点。

（1）基础组网和防护功能

防火墙可以满足企业环境的基础组网和基本的攻击防护需求。防火墙可以限制非法用户进入内部网络，如黑客、网络破坏者等，禁止存在安全脆弱性的服务和未授权的通信数据包进出网络，并对抗各种攻击。

（2）记录并监控网络存取与访问

作为单一的网络接入点，所有进出信息都必须通过防火墙，所以防火墙可以收集关于系统和网络使用和误用的信息并做出日志记录。通过防火墙可以很方便地监视网络的安全性，并在异常时给出报警提示。

（3）限定内部用户访问特殊站点

防火墙通过用户身份认证来确定合法用户，并通过事先确定的完全检查策略，来决定内部用户可以使用的服务，以及可以访问的网站。

（4）限制暴露用户点

利用防火墙对内部网络的划分，可实现网络中网段的隔离，防止影响一个网段的问题通过整个网络传播，从而限制了局部重点或敏感网络安全问题对全局网络造成的影响，同时保护一个网段不受来自网络内部其他网段的攻击，保障网络内部敏感数据的安全。

（5）网络地址转换

防火墙可以作为部署 NAT 的逻辑地址，来缓解地址空间短缺的问题，并消除在变换 ISP 时带来的重新编址的麻烦。

（6）虚拟专用网

防火墙还支持具有 Internet 服务特性的企业内部网络技术体系的虚拟专用网络（Virtual Private Network，VPN）。通过 VPN 将企事业单位在地域上分布在全世界各地的 LAN 或专用子网有机地连成一个整体。

3.3.4　入侵检测系统

入侵是指在非法或未经授权的情况下，试图存取或处理系统或网络中的信息，或破坏系统或网络的正常运行,致使系统或网络的可用性、机密性和完整性受到破坏的故意行为。入侵检测,顾名思义,是对入侵行为的发觉。入侵检测技术是为保证计算机系统的安全而设计与配置的一种能够及时发现并报告系统中未授权或异常现象的技术,是一种用于检测计算机网络中违反安全策略行为的技术,是通过数据的采集与分析实现对入侵行为检测的技术。

入侵检测系统(Intrusion Detection System,IDS)是入侵检测过程的软件和硬件的组合,能检测、识别和隔离入侵企图或计算机的未授权使用,它不仅能监视网上的访问活动,还能针对正在发生的攻击行为进行报警。

入侵检测系统的主要功能包括:监测并分析用户和系统的活动;核查系统配置和漏洞;评估系统关键资源和数据文件的完整性;识别已知的攻击行为;统计分析异常行为;对操作系统进行日志管理,并识别违反安全策略的用户活动;针对已发现的攻击行为做出适当的反应,如告警、终止进程等。

防火墙处于网关的位置,不可能对进出攻击做太多判断,否则会严重影响网络性能。如果把防火墙比作大门警卫,入侵检测系统就是监控摄像机。入侵检测系统通过监听的方式获得网络的运行状态数据,判断其中是否含有攻击的企图,并通过各种手段向管理员报警,不但可以发现来自外部的攻击,还可以发现内部的恶意行为。

3.3.5　VPN 技术

虚拟专用网络是在公用网络上建立专用网络的技术。整个 VPN 网络的任意两个节点之间的连接并没有传统专用网所需的端到端的物理链路,而是架构在公用网络服务商所提供的网络平台。

1. 虚拟专用网络概述

VPN 利用 Internet 等公共网络基础设施,通过隧道技术,为用户提供与专用网络具有相同通信功能的安全数据通道,可以实现不同网络之间以及用户与网络之间的相互连接。

它有两层含义:首先是"虚拟的",即用户实际上并不存在一个独立专用的网络,既不需要建设或租用专线,也不需要配置专用的设备,而是将其建立在分布广泛的公共网络上,就能组成一个属于自己的专用网络;其次是"专用的",相对于"公用的"来说,它强调私有性和安全可靠性。

在企业的内部网络中,考虑一些部门(如财务部、人事部)可能存储有重要数据,为确保数据的安全性,很多企业只允许单位内部的局域网地址访问这些信息。但很多企业在全国各地,甚至全世界各地都有分公司,如何能让分布在全国各地(甚至是全世界各地)的员工在需要时访问企业内部这些重要资源?第一种方案是企业各地的分公司和总部之间建立或者租用一条专线,访问的时候使用这条专线,但是这种成本较高。第二种方案是采用 VPN 技术,VPN 是在公共互联网搭建的一条虚拟的网络专线,可以用来安全地访问企业重要资源。企业或其他机构可以给远程的分支机构、商业伙伴、移动办公人员分配 VPN 账户,让这些用户可以利用公共的因特网访问企业的重要资源。

2. VPN 的特点

VPN 具有以下特点。

(1)成本低

VPN 建立在物理连接基础之上,使用 Internet、帧中继或 ATM 等公用网络设施,不需要租用专线,可以节省购买和维护通信设备的费用。

(2) 安全性高

VPN 使用 Internet 等公用网络设施,提供了各种加密、认证和访问控制技术来保障通过公用网络平台传输数据的安全性,以确保数据不被攻击者窥视和篡改,并且防止非法用户对网络资源或私有信息进行访问。

(3) 服务质量保证

不同的用户和业务对服务质量(Quality of Service,QoS)保证有着不同的要求。所有 VPN 应提供相应的不同等级的服务质量保证。

(4) 可管理性

VPN 实现简单、方便、灵活,同时具有安全管理、设备管理、配置管理、访问控制列表管理、QoS 管理等内容,方便用户和运营商管理和维护。

(5) 可扩展性

VPN 设计易于增加新的网络节点,并支持各种协议,如 RSIP、IPv6、MPLS、SNMPv3,满足同时传输 IP 语音、图像和 IPv6 数据等新应用对高质量传输以及带宽增加的需求。

3.4 思 考 题

1. OSI 七层模型分别是哪 7 层?每一层的功能是什么?
2. OSI 安全体系结构中的五类安全服务和八种安全机制分别是什么?
3. 列举几种常见的网络钓鱼攻击手段。
4. 常见的网络安全技术有哪些?
5. 防火墙的主要作用是什么?

第 4 章

应用安全

　　随着通信技术的快速发展,互联网已成为日常生活和工作中不可或缺的一部分。人们不仅可以利用互联网发送电子邮件、传送即时消息,还可以在网上银行完成各种支付。近年来,各种网络安全事件频频出现,为保证使用安全,用户需要了解一些基本的应用安全防护知识。

　　本章主要介绍浏览器安全、网上金融交易安全、电子邮件安全。

4.1　浏览器安全

　　浏览器是可以显示网页文件,并使用户与服务器进行交互的一种软件。个人计算机上常见的网页浏览器有 Internet Explorer、Firefox、Chrome、360 安全浏览器等。

　　服务器端是指网络中能对其他计算机和终端提供某些服务的计算机系统。客户端与服务器端相对应,是指为客户提供本地服务的程序,一般安装在普通的客户机上,需要与服务器端互相配合运行,如安装在移动智能终端上的地图导航程序。当终端访问服务器提供各种服务时,有两种访问方式,一种是客户/服务器模式,另一种是浏览器/服务器模式。

　　客户/服务器(Client/Server,C/S)结构是一种软件系统的体系结构,此结构中客户端程序和服务器端程序通常分布于两台计算机上。客户端程序的任务是将用户的要求提交给服务器端程序,再将服务器端程序返回的结果以特定的形式显示给用户;服务器端程序的任务是接收客户端程序提出的服务请求,并进行相应的处理,再将结果返回给客户端程序。

　　浏览器/服务器(Browser/Server,B/S)结构中终端用户不需要安装专门的软件,只需要安装浏览器即可。这种结构将系统功能的核心部分集中到服务器上。以新浪网为例,用户所使用的浏览器即为客户端程序,在浏览器中输入新浪的网址,用户就向新浪的网站服务器发出访问请求,新浪的服务器接受客户端访问请求并进行处理,将结果返回给浏览器,由浏览器显示,提供给用户查看。随着移动互联网的快速发展,B/S 模式得以快速发展,针对浏览器的安全威胁越来越多,因此保护浏览器的安全就显得非常重要。下面介绍一些常用的浏览器安全措施。

1. 删除和管理 Cookie

　　Cookie 是指网站放置在个人计算机上的小文件,用于存储用户信息和用户偏好的资料,Cookie 可以记录用户访问某个网站的账户和口令,从而避免每次访问网站时都需要输入账户和口令。Cookie 给用户访问网站带来便利的同时,也存在一些安全隐患。因为Cookie 中保存的信息常含有一些个人隐私信息,如果攻击者获取这些 Cookie 信息,会危及个人隐私安全。所以在公用计算机上使用浏览器后需删除 Cookie 信息。

2. 删除浏览历史记录

浏览历史记录是在用户浏览网页时,由浏览器记住并存储在计算机上的信息。这些信息包括输入表单、口令和访问网站的信息,方便用户使用浏览器再次访问网站。如果用户使用公用计算机上网,而且不想让浏览器记住用户的浏览数据,用户可以有选择地删除浏览历史记录。

3. 禁用 ActiveX 控件

ActiveX 控件是一些嵌入在网页中的小程序,网站可以使用这类小程序提供视频和游戏等内容。浏览网站服务器时,用户可以使用这些小程序与工具栏和股票行情等内容进行交互。但是,ActiveX 控件会导致一些安全隐患,攻击者可以使用 ActiveX 控件向用户提供不需要的服务。某些情况下,这些程序还可以用来收集用户计算机里的个人信息,破坏计算机里的信息,或者在未获取用户同意的情况下安装恶意软件。

4.2　网上金融交易安全

网上金融交易是指用户通过互联网完成各种网络金融服务和网络电子商务支付。网络金融服务包括账户开户、查询、对账、行内转账、跨行转账、信贷、网上证券、投资理财等服务项目,用户可以足不出户就完成各种金融业务。网络电子商务支付可以使用银行卡或者第三方支付平台完成网络购物,如购买飞机票和火车票等。

为保障安全,网上金融交易一般不采用简单的账户/口令的验证方式来识别用户身份,多采取双因素身份认证识别用户身份,只有通过身份认证的用户才能通过网络完成各种转账、支付等操作。

网上金融交易常用的安全措施如下。

1. U 盾

U 盾是用于网上电子银行签名和数字认证的工具,它内置微型智能卡处理器,采用非对称加密体制对网上数据进行加密、解密和数字签名。用户选择使用 U 盾后,所有涉及资金对外转移的网银操作,都必须使用 U 盾才能完成。使用 U 盾时,除了需要将 U 盾插入计算机外,还需要输入设置的口令,才能完成身份认证。

2. 手机短信验证

用户向网络金融交易平台发出交易请求后,网络金融交易平台通过短信向用户绑定的手机号码发出一次性口令,只有在输入用户口令和短信验证口令后,整个交易才能被确认并完成。

3. 口令卡

口令卡相当于一种动态的电子银行口令。口令卡上以矩阵的形式印有若干字符串,用户在使用电子银行进行对外转账、缴费等支付交易时,电子银行系统就会随机给出一组口令卡坐标,用户根据坐标从卡片中找到口令组合并输入。只有口令组合输入正确时,用户才能完成相关交易。这种口令组合是动态变化的,用户每次使用时输入的口令都不一样,交易结束后即失效,从而防止攻击者窃取用户口令。

4. 采用安全超文本传送协议

安全超文本传送协议（Hypertext Transfer Protocol over Secure Socket Layer, HTTPS）是以安全为目标的 HTTP 通道，是 HTTP 的安全版。HTTPS 提供了身份验证与加密通信方法，广泛用于互联网上安全敏感的通信，例如，银行网站登录采用的是 HTTPS 方式，该安全协议可以在很大程度上保障用户数据传输的安全。

4.3 电子邮件安全

电子邮件（Electronic Mail, E-mail）是一种用电子手段提供信息交换的服务方式，是互联网上应用最为广泛的服务之一。

互联网上的电子邮件系统如图 4-1 所示。用户代理（User Agent, UA）是用户与电子邮件系统的接口。如果用户使用电子邮件客户端软件（如 Foxmail 软件）收发和处理邮件，用户代理就是邮件客户端软件。如果用户使用浏览器收发邮件，各种电子邮件服务商提供的网页程序（如网易提供的 163 邮箱）就是用户代理。

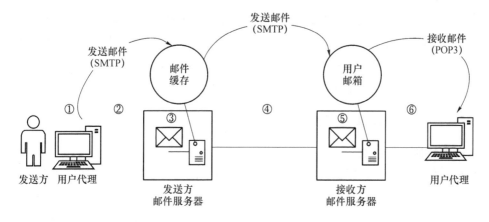

图 4-1 电子邮件系统的结构示意图

当发送方给接收方发送电子邮件时，发送方使用用户代理撰写邮件后发送，邮件会通过简单邮件传输协议（Simple Mail Transfer Protocol, SMTP）与发送方邮件服务器通信，将邮件上传到发送方邮件服务器，发送方邮件服务器会进一步使用 SMTP 将邮件发送到接收方邮件服务器。接收方通过用户代理，使用邮局协议（Post Office Protocol, POP）将邮件从接收方邮件服务器下载到客户端进行阅读。目前邮件系统广泛使用的是 POP3 协议。

4.3.1 电子邮件安全威胁

随着电子邮件的广泛应用，电子邮件面临的安全威胁越来越多。这些威胁包括邮件地址欺骗、垃圾邮件、邮件病毒、邮件炸弹、邮件拦截、邮箱用户信息泄露等。

1. 邮件地址欺骗

邮件地址欺骗是黑客攻击和垃圾邮件制造者常用的方法。由于在 SMTP 中，邮件发送者可以指定 SMTP 发送者的发送账户、发送账户的显示名称、SMTP 服务器域名等信息,如果接收端未对这些信息进行认证,就可能放过一些刻意伪造的邮件。攻击者可以通过自行搭建 SMTP 服务器来发送伪造地址的邮件。目前,正规的邮件服务器都有黑名单和反向认证等机制,如检查邮件来源 IP、检查邮件发送域、反向 DNS 查询、登录验证等。伪造邮件一般很难通过严格设置的邮件服务器,但用户还是要对邮件内容涉及敏感信息的邮件来源保持高度警惕。

2. 垃圾邮件

垃圾邮件是指未经用户许可就强行发送到用户邮箱的电子邮件。垃圾邮件一般具有批量发送的特征,其内容包括赚钱信息、成人广告、商业或个人网站广告、电子杂志、连环信等。垃圾邮件可以分为良性的和恶性的。良性垃圾邮件是指对收件人影响不大的信息邮件,如各种宣传广告。恶性垃圾邮件是指具有破坏性的电子邮件,如携带恶意代码的广告。

3. 邮件病毒

邮件病毒和普通病毒在功能上是一样的,它们主要通过电子邮件进行传播,因此被称为邮件病毒。一般通过邮件附件发送病毒,接收者打开邮件并运行附件会使计算机中病毒。

4. 邮件炸弹

邮件炸弹指邮件发送者利用特殊的电子邮件软件,在很短的时间内连续不断地将邮件发送给同一收信人,由于用户邮箱存储空间有限,没有多余空间接收新邮件,新邮件将会丢失或被退回,从而造成收件人邮箱功能瘫痪。同时,邮件炸弹会大量消耗网络资源,常常导致网络阻塞,严重时可能影响到大量用户邮箱的使用。

4.3.2 电子邮件安全防护技术

1. 垃圾邮件过滤技术

垃圾邮件过滤技术是应对垃圾邮件问题的有效手段之一。下面介绍实时黑白名单过滤和智能内容过滤两种垃圾邮件过滤技术。

黑白名单过滤采用最简单、最直接的方式对垃圾邮件进行过滤,由用户手动添加需要过滤的域名、发信人或发信 IP 地址等。对于常见的广告型垃圾邮件,此方法的防范效果较为明显。但此种方法属于被动防御,需要大量手工操作,每次需要对黑白名单进行手动添加。

内容过滤主要针对邮件标题、邮件附件文件名和邮件附件大小等选项设定关键值。当邮件通过邮件标题、邮件附件文件名和邮件附件大小等选项被认为是垃圾邮件时,邮件系统就会将其直接删除。

2. 邮件加密和签名

未经加密的邮件很容易被不怀好意的偷窥者看到,如果对带有敏感信息的邮件进行加密和签名,就可以大大提高安全性。用于电子邮件加密和签名的软件有许多,GnuPG(GNU Privacy Guard)是其中常见的一种开源软件。

GnuPG 是一个基于 RSA 公钥密码体制的邮件加密软件,可以加密邮件以防止非授权者阅读,同时还可以对邮件加上数字签名,使收信人可以确认邮件发送者,并确认邮件有没有被篡改。

4.4 思 考 题

1. 列举常用的浏览器安全措施。
2. 网上金融交易常用的安全措施包括哪些？
3. 电子邮件的收发原理是什么？
4. 电子邮件面临的安全威胁有哪些？
5. 常用的电子邮件安全防护技术有哪些？

第 5 章

Web 应用安全

人们在享受网络带来的便利的同时,也面临着网络安全的巨大挑战。任何一种网络系统都不可避免地存在着一定的安全隐患和风险,如木马病毒传播、信息窃取等。本章主要介绍 Web 应用安全情况,包括 Web 网站系统结构、Web 安全漏洞分析和 Web 安全防范。

5.1　Web 网站系统结构

Web 应用安全性与 Web 网站系统结构密切相关。根据 Web 网站的性质和系统架构,通常将 Web 网站分为静态网站和动态网站两种。

1. 静态网站

静态网站是指以静态网页发布内容的网站,一般不具备网站交互式功能。静态网站由两个部分组成:Web 服务器和 Web 客户端。

Web 服务器以静态页面形式发布网站内容,网站内容全部由 HTML 代码格式的静态页面组成,所有的内容包含在网页文件中,一般不需要建立数据库。

Web 客户端为支持 HTTP 或 HTTPS 协议的通用浏览器,如 IE 浏览器和 360 安全浏览器等。用户使用浏览器访问 Web 网站。

2. 动态网站

动态网站是指网页内容可以根据不同情况做出动态变化的网站,主要用于实现各种交互功能,如用户注册、信息发布、产品展示、订单管理、电子商务和网上支付等。

动态网站的系统一般由 Web 浏览器、应用服务器、数据库服务器 3 个部分组成,如图 5-1所示。

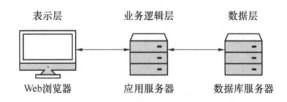

图 5-1　动态网站系统

应用服务器以动态页面形式发布网站内容,动态网页并不是独立存在于服务器的网页文件,而是根据浏览器发出的不同请求,返回不同的网页内容,动态网页中通常包含服务器端到端的脚本程序。

常见的服务器端脚本程序有 ASP、JSP 和 PHP 3 种类型。

① 动态服务器页面（Active Server Pages,ASP）是微软公司开发的动态网页设计的应用程序,它可以与数据库和其他程序进行交互,是一种简单、方便的编程工具。ASP 的网页文件的格式是 *.asp。

② Java 服务器页面(Java Server Pages,JSP)主要用于实现 Java Web 应用程序的用户界面部分。用 JSP 开发的 Web 应用是跨平台的,既能在 Linux 上运行,也能在 Windows 操作系统上运行。

③ 超级文本预处理语言(Hypertext Preprocessor,PHP)是一种通用开源脚本语言。PHP 将程序嵌入 HTML(超文本标记语言)文档中去执行,执行效率较高。

数据库系统主要用来提供网站数据的存储和查询功能,有无数据库系统是区别动态网站和静态网站的主要特征。

Web 客户端为支持 HTTP 或 HTTPS 的通用浏览器,用户使用浏览器访问 Web 网站。

从应用逻辑上,一个 Web 应用系统由表示层、业务逻辑层和数据层组成,如图 5-2 所示。

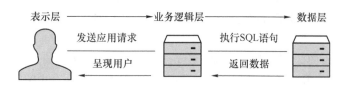

图 5-2　Web 应用系统三层构架

(1) 表示层

表示层位于最上层,主要为用户提供一个交互式操作的用户界面,用来接收用户输入的数据以及显示请求返回的结果。它将用户的输入传递给业务逻辑层,同时将业务逻辑层返回的数据显示给用户。

(2) 业务逻辑层

业务逻辑层是三层架构中最核心的部分,是连接表示层和数据层的纽带,主要用于实现与业务需求有关的系统功能,如业务规则的制定、业务流程的实现等,它接收和处理用户输入的信息,与数据层建立连接,将用户输入的数据传递给数据层进行存储,或者根据用户的命令从数据层中读出所需数据,并返回到表示层展现给用户。

(3) 数据层

数据层主要负责对数据进行操作,包括对数据的读取、增加、修改和删除等操作。数据层可以访问的数据类型有多种,如数据库系统、文本文件、二进制文件和 XML 文档等。在数据驱动的 Web 应用系统中,需要建立数据库系统,通常采用 SQL 语言对数据库中的数据进行操作。

Web 应用系统的工作流程如下:表示层接收用户浏览器的查询命令,将参数传递给业务逻辑层;业务逻辑层将参数组合成专门的数据库操作 SQL 语句,发给数据层;数据层执行 SQL 操作后,将结果返回给业务逻辑层;业务逻辑层将结果在表示层展现给用户。

动态网站主要用于支持复杂的 Web 应用系统,最容易产生安全漏洞,成为 Web 系统安全防护的重点。

3. Web 服务器工具

（1）Microsoft IIS

互联网信息服务（Internet Information Services，IIS）是由微软公司提供的基于 Microsoft Windows 运行的互联网基本服务，是一种 Web 服务组件，其中包括 Web 服务器、文件传输协议（File Transfer Protocol，FTP）服务器、网络新闻传输协议（Network News Transfer Protocol，NNTP）服务器和简单邮件传输协议服务器，分别用于网页浏览、文件传输、新闻服务和邮件发送等，IIS 简单易用，但存在诸多安全隐患。

（2）Apache

Apache HTTP Server（简称 Apache）是 Apache 软件基金会的一个开放源码的网页服务器，可以在大多数计算机操作系统运行，由于其多平台和安全性被广泛使用，是流行的 Web 服务器端软件之一。

Apache 由一个相对较小的内核和一些模块组成，支持许多特性，大部分通过编译模块实现。服务器运行时这些模块被动态加载，这些模块包括从服务器端的编程语言支持到身份认证方案。可以通过简单的应用程序编程接口（Application Programming Interface，API）扩展一些通用的语言支持，如 Perl、Python、Tcl 和 PHP。

（3）Nginx

Nginx 是轻量级的超文本传输协议（Hypertext Transfer Protocol，HTTP）服务器，是一个高性能的 HTTP 和反向代理服务器。Nginx 以事件驱动的方式编写，所以性能较高，同时也能高效地实现反向代理和负载平衡。

Nginx 具有较高的稳定性。当其他 HTTP 服务器遇到访问峰值或者攻击者恶意发起慢速连接时，很可能会导致服务器因物理内存耗尽、频繁交换而失去响应，只能重启服务器。而 Nginx 采用了分阶段资源分配技术，因此 CPU 与内存占用率非常低。

（4）WebLogic

WebLogic 是 BEA（公司）的用于开发、集成、部署和管理大型分布式 Web 应用、网络应用和数据库应用的 Java 应用服务器，将 Java 的动态功能和 Java Enterprise 标准的安全性引入大型网络应用的开发、集成、部署和管理之中。

BEA WebLogic Server 拥有处理关键 Web 应用系统问题所需的性能、可扩展性和高可用性。与 BEA WebLogic Commerce ServerTM 配合使用，BEA WebLogic Server 可为部署适应性个性化电子商务应用系统提供完善的解决方案。WebLogic 长期以来一直被认为是市场上最好的 J2EE 工具之一。

5.2　Web 安全漏洞分析

1. 应用系统安全漏洞

Web 应用系统安全漏洞是指 Web 应用系统的软件、硬件或通信协议中存在安全缺陷或不适当的配置，攻击者可以在未授权的情况下非法访问系统，给 Web 应用系统安全造成严重的威胁。

Web 应用系统安全漏洞大致可分成如下几类。

① 软件漏洞。任何一种软件系统都存在脆弱性,软件漏洞可以看作是编程语言的局限性。例如,一些程序如果接收到异常或者超长的数据和参数就会导致缓冲区溢出。这是因为很多软件在设计时忽略或者很少考虑安全性问题,即使在程序设计中考虑了安全性,也往往因为开发人员缺乏安全培训或没有安全编程经验而造成安全漏洞。这种安全漏洞可以分为两种:一种是由于操作系统本身设计缺陷带来的安全漏洞,这种漏洞将被运行在该系统上的应用程序所继承;另一种是应用程序的安全漏洞,这种漏洞最常见,要引起广泛的关注。

② 结构漏洞。一些网络系统在设计时忽略了网络安全问题,没有采取有效的网络安全防护措施,从而使网络系统处于不设防状态;在一些重要网段中,交换机、路由器等网络设备设置不当,造成网络流量被监听和获取。

③ 配置漏洞。一些网络系统中管理员忽略了安全策略的制定,此时即使采取了一定的安全防护措施,但由于系统的安全配置不合理或不完整,安全机制没有发挥作用;在网络系统发生变化后,由于没有及时更改系统的安全配置而造成安全漏洞。

④ 管理漏洞。网络管理员的疏漏和麻痹造成的安全漏洞。例如,管理员口令太短或长期不更换,攻击者采用弱口令进行攻击;两台服务器共用同一个用户名和口令,如果一台服务器被入侵,则另一台服务器也不能幸免。

从这些安全漏洞产生的原因来看,既存在技术因素,也存在管理因素和人员因素。实际上,攻击者正是分析了与目标系统相关的技术因素、管理因素和人员因素后,寻找并利用其中的安全漏洞来入侵系统的。因此,必须从技术手段、管理制度和人员培训等方面采取有效的措施来防范和修补安全漏洞,提高网络系统的安全防范能力和水平。

2. OWASP

Web 系统存在各种安全隐患,这些安全隐患的危害程度不同。在网络技术日新月异的今天,攻击技术在不断发展,SQL 注入、XSS 漏洞、敏感信息泄露等安全隐患层出不穷。了解并掌握这些 Web 系统安全隐患,可以帮助网络安全运维人员更好地抵御攻击者,保障信息系统的安全。

开放式 Web 应用程序安全项目(Open Web Application Security Project,OWASP)组织是一个提供有关计算机和互联网应用程序信息的组织,其目的是协助个人、企业和机构发现和使用可信赖软件。OWASP 组织最具权威的就是其定期发布的十大安全漏洞列表,十大安全漏洞列表总结了 Web 应用程序最可能、最常见、危害性最大的 10 种漏洞,帮助 IT 公司和开发团队规范应用程序开发流程和测试流程,提高 Web 系统的安全性。图 5-3 是OWASP 在 2017 年公布的十大安全漏洞列表。

3. Web 系统安全技术

Web 网站是一种开放的信息系统,它所面临的主要安全风险是来自攻击者的外部攻击,包括分布式拒绝服务(DDoS)攻击、网络病毒攻击以及各种渗透式攻击等。DDoS 攻击和网络病毒攻击可能造成 Web 网站瘫痪;渗透式攻击可能造成网页内容被篡改、网页被挂马以及敏感信息被泄露等,给 Web 网站及应用系统安全带来严重的后果。因此,对 Web 网站及应用系统的安全防护非常有必要。

大多数的网络攻击都利用了信息系统中的各种安全漏洞,包括各种软件漏洞、配置漏

OWASP 十大安全漏洞-2013（旧版）	OWASP 十大安全漏洞-2017（新版）
A1-注入	A1-注入
A2-失效的身份认证和会话管理	A2-失效的身份认证和会话管理
A3-跨站脚本(XSS)	A3-跨站脚本(XSS)
A4-不安全的直接对象引用（与A7合并）	A4-失效的访问控制(最初归类在2003/2004版)
A5-安全配置错误	A5-安全配置错误
A6-敏感信息泄露	A6-敏感信息泄露
A7-功能级访问控制缺失（与A4合并）	A7-攻击检测与防护不足(新增)
A8-跨站请求伪造(CSRF)	A8-跨站请求伪造(CSRF)

图 5-3　OWASP 在 2017 年公布的十大安全漏洞

洞、结构漏洞以及管理漏洞等,及时检测并修复信息系统中的安全漏洞,对于保障信息系统的安全性是十分重要的。因此安全漏洞检测技术是一种重要的信息安全技术。

常用的信息安全技术有防火墙系统、防病毒系统、访问控制系统、入侵检测系统(IDS)、入侵防御系统(IPS)、漏洞扫描系统、安全审计系统、数据备份系统、安全监管系统等,按照相应的保护等级,综合运用这些信息安全技术及产品对信息系统实施有效的安全保护。

在 Web 网站系统中,存在着 Web 服务器和 Web 应用系统两个层面的安全问题,针对 Web 应用系统的各类注入攻击,如 SQL 注入攻击、XSS 攻击以及其他注入攻击等,使用常规的安全防护设备,如防火墙、入侵检测系统等很难达到良好的防护效果。因此,针对 Web 安全问题而发展起来的 Web 系统安全技术,如 Web 安全漏洞检测技术、Web 防火墙技术等,成为当前信息安全技术的研究热点。

5.3　Web 安全防范

因传统的网络安全设备无法有效地防御基于 Web 网站的各种攻击,因此需要 Web 应用防火墙(Web Application Firewall,WAF)来保障 Web 系统的安全,Web 应用防火墙是用以解决诸如防火墙等传统网络安全设备无法解决的 Web 应用安全问题的。本节将介绍 Web 应用防火墙的基础知识,通过本节的学习将理解 WAF 的概念、WAF 产品的功能。

5.3.1　Web 应用防火墙简介

近年来,随着 Web 应用的快速发展,针对 Web 的各种攻击越来越多,企业对于保障 Web 安全的投入持续增加。

Web 应用防火墙是用以解决诸如防火墙等传统网络安全设备无法解决的 Web 应用安

全问题的。WAF 通过执行一系列针对 HTTP/HTTPS 的安全策略来专门为 Web 应用提供防护。

WAF 对来自 Web 应用程序客户端的各类请求进行内容检测和验证,确保其安全性与合法性,对非法的请求予以实时阻断,从而对各类网站进行有效防护,如图 5-4 所示。

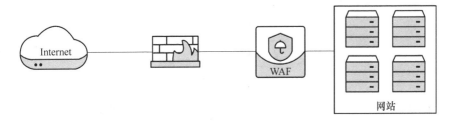

图 5-4　WAF 对网站进行防护

WAF 主要的防护对象为 Web 网站,主要是针对 Web 网站特有的攻击方式加强防护,如针对 Web 服务器网站的 DDoS 攻击、SQL 注入攻击、跨站脚本攻击和网页挂马攻击等。

5.3.2　WAF 产品的功能

WAF 防御系统能够保护各网站 Web 服务器免受应用级入侵,它弥补了防火墙、IPS 类安全设备对 Web 应用攻击防护能力不足的问题。

WAF 产品通常具有以下 5 个方面的功能。

① Web 非授权访问的防护功能。非授权访问攻击会在客户端毫不知情的情况下,窃取客户端或者网站上含有敏感信息的文件,譬如 Cookie 文件,通过盗用这些文件,对一些网站进行未授权情况下的行为操作,譬如转账等行为。另外,WAF 产品必须要具备针对跨站请求伪造(Cross-Site Request Forgery,CSRF)攻击的防护功能。

② Web 攻击的防护功能。这类攻击主要包含了 SQL 注入攻击和 XSS 攻击。一般来说 SQL 注入攻击利用 Web 应用程序不对输入数据进行检查过滤的缺陷,将恶意的 SQL 语句注入后台数据库,从而窃取或篡改数据,控制服务器。XSS 攻击指恶意攻击者向 Web 页面里插入恶意代码,当受害者浏览该 Web 页面时,嵌入其中的代码会被受害者的 Web 客户端执行,达到恶意攻击的目的。另外,WAF 产品还应该具备对应用层 DoS 攻击的防护能力。

③ Web 恶意代码的防护功能。攻击者在成功入侵网站后,常常将木马后门文件放置在 Web 服务器的站点目录中,与正常的页面文件混在一起,这就要求 WAF 产品能准确识别和防护。另外,还有对网页挂马的防护,一般这类攻击的主要目的是让用户将木马下载到本地,并进一步执行,从而使用户计算机遭到攻击和控制,最终目的是盗取用户的敏感信息,如各类账号、密码,因此这类功能是 WAF 产品需要具备的基础功能。

④ Web 应用交付能力。应用交付是指应用交付网络(Application Delivery Networking,ADN),它借助 WAF 产品对网络进行优化,确保用户的业务应用能够快速、安全、可靠地交付给内部员工和外部服务群。通常情况下,多服务器负载均衡是 WAF 产品常见的应用交付形态。

⑤ Web 应用合规功能。应用合规是指客户端或者 Web 服务器所做的各类行为符合用户设置的规定要求,譬如基于 URL 的应用层访问控制和基于 HTTP 请求的合规性检查,都属于 Web 应用合规所强调的功能。在国内相关部门的合规规章制度要求下,以及在企业或政府机构遵从的公安部等级保护的要求下,WAF 产品的应用合规已经成为客户十分重视的基础功能。

5.4 思 考 题

1. 根据 Web 网站的性质和系统架构,通常将 Web 网站分为哪两种? 它们的特点是什么?

2. 列举常见的 Web 服务器工具。

3. Web 应用系统安全漏洞分为哪几类?

4. 什么是 WAF? 它的主要防护对象是什么?

5. WAF 产品通常具有哪些功能?

第6章

数据安全

6.1 数据安全概述

6.1.1 数据安全的含义

数据安全有两方面的含义：一是数据本身的安全，主要是指采用现代密码算法对数据进行主动保护，如数据保密、数据完整性、双向强身份认证等；二是数据防护的安全，主要是采用现代信息存储手段对数据进行主动防护，如通过磁盘阵列、数据备份、异地容灾等手段保证数据的安全。数据安全是一种主动的包含措施，数据本身的安全必须基于可靠的加密算法与安全体系，主要为对称算法与公开密钥密码体系。

数据处理的安全是指如何有效地防止数据在录入、处理、统计或打印中，由于硬件故障、断电、死机、人为的误操作、程序缺陷、病毒或黑客等造成的数据库损坏或数据丢失现象，某些敏感或保密的数据可能被不具备资格的人员或操作员阅读，而造成数据泄密等后果。

而数据存储的安全是指数据库在系统运行之外的可读性。一旦数据库被盗，即使没有原来的系统程序，照样可以另外编写程序对盗取的数据库进行查看或修改。从这个角度看，不加密的数据库是不安全的，容易造成商业泄密，所以便衍生出数据防泄密这一概念，这就涉及了计算机网络通信的保密、安全及软件保护等问题。

6.1.2 数据安全的特点

1. 保密性

保密性（Secrecy）又称机密性（Confidentiality），是指个人或团体的信息不为其他不应获得者获得。在计算机中，许多软件包括邮件、网络浏览器等，都有与保密性相关的设定，用以维护用户资讯的保密性。

2. 完整性

数据完整性（Integrity）是信息安全的 3 个基本要点之一，指在传输、存储信息或数据的过程中，确保信息或数据不被未授权地篡改或在篡改后能够被迅速发现。其在信息安全领域使用过程中，常常和保密性边界混淆。以普通 RSA 对数值信息进行加密为例，黑客或恶意用户在没有获得密钥破解密文的情况下，可以通过对密文进行线性运算，相应地改变数值信息的值。例如，交易金额为 X 元，通过对密文乘 2，可以使交易金额成为 $2X$ 元。为解决以上问题，通常使用数字签名或散列函数对密文进行保护。

3．可用性

数据可用性(Availability)是一种以使用者为中心的设计概念,可用性设计的重点在于让产品的设计能够符合使用者的习惯与需求。以互联网网站的设计为例,希望让使用者在浏览的过程中不会产生压力或感到挫折,并让使用者在使用网站功能时,能用最少的努力发挥最大的效能。基于这个原因,任何有违信息的"可用性"都算是违反信息安全的规定。因此,世界上不少国家,不论是美国还是中国都有要求保持信息可以不受规限地流通的运动举行。

6.1.3 数据安全的威胁因素

威胁数据安全的因素有很多,以下几个比较常见。

① 硬盘驱动器损坏。一个硬盘驱动器的物理损坏意味着数据丢失。设备的运行损耗、存储介质的失效以及人为的破坏等,都能对硬盘驱动器设备造成影响。

② 人为错误。由于操作失误,使用者可能会误删除系统的重要文件,或者修改影响系统运行的参数,以及没有按照规定要求操作或操作不当导致系统宕机。

③ 黑客。入侵者借助系统漏洞等通过网络远程入侵系统。

④ 病毒。计算机感染病毒而导致系统被破坏,甚至造成重大经济损失。计算机病毒的复制能力强,感染性强,特别是在网络环境下,传播速度较快。

⑤ 信息窃取。从计算机上复制、删除信息或干脆把计算机偷走。

⑥ 自然灾害。冰冻等因素导致信息存储设施物理结构损坏。

⑦ 电源故障。电源供给系统故障,一个瞬间过载会损坏在硬盘或存储设备上的数据。

⑧ 磁干扰。存储设备接触到有磁性的物质,会造成计算机数据被破坏。

6.1.4 数据安全制度

不同的单位和组织都有自己的网络信息中心,为确保信息中心、网络中心机房重要数据的安全(保密),一般要根据国家法律和有关规定制定适合本单位的数据安全制度,大致情况如下。

① 对应用系统使用、产生的介质或数据按其重要性进行分类,对存放有重要数据的介质,应备份必要份数,并分别存放在不同的安全地方(防火、防高温、防震、防磁、防静电及防盗),建立严格的保密保管制度。

② 保留在机房内的重要数据(介质)应为系统有效运行所必需的最少数量,除此之外的不应保留在机房内。

③ 根据数据的保密规定和用途,确定使用人员的存取权限、存取方式和审批手续。

④ 重要数据(介质)库应设专人负责登记保管,未经批准,不得随意挪用重要数据(介质)。

⑤ 在使用重要数据(介质)期间,应严格按国家保密规定控制转借或复制,需要使用或复制的须经批准。

⑥ 对所有重要数据(介质)应定期进行检查,要考虑介质的安全保存期限,及时更新复制。损坏、废弃或过时的重要数据(介质)应由专人负责消磁处理,秘密级以上的重要数据

（介质）在过保密期或废弃不用时，要及时销毁。

⑦　机密数据处理作业结束时，应及时清除存储器、联机磁带、联机磁盘及其他介质上有关作业的程序和数据。

⑧　机密级及以上秘密信息存储设备不得并入互联网。重要数据不得外泄，重要数据的输入及修改应由专人来完成。重要数据的打印输出及外存介质应存放在安全的地方，打印出的废纸应及时销毁。

6.2　数　据　加　密

从保护数据的角度讲，对数据安全这个广义概念，可以细分为三部分：数据加密、数据传输安全和身份认证管理。

数据加密就是按照确定的密码算法把敏感的明文数据变换成难以识别的密文数据，通过使用不同的密钥，可用同一加密算法把同一明文加密成不同的密文。当需要时，可使用密钥把密文数据还原成明文数据，这个过程称为解密。这样就可以实现数据的保密性。数据加密被公认为是保护数据传输安全唯一实用的方法和保护存储数据安全的有效方法，它是数据保护在技术上最重要的防线。

数据传输安全是指数据在传输过程中必须要确保数据的安全性、完整性和不可篡改性。

身份认证的目的是确定系统和网络的访问者是否是合法用户。主要采用登录密码、代表用户身份的物品（如智能卡、IC 卡等）或反映用户生理特征的标识鉴别访问者的身份。

6.2.1　数据加密的概述

数据加密技术是最基本的安全技术，被誉为信息安全的核心，最初主要用于保证数据在存储和传输过程中的保密性。它通过变换和置换等各种方法将被保护信息置换成密文，然后再进行信息的存储或传输，即使加密信息在存储或者传输过程中为非授权人员所获得，也可以保证这些信息不为其认知，从而达到保护信息的目的。该方法的保密性直接取决于所采用的密码算法和密钥长度。

根据密钥类型的不同可以把现代密码技术分为对称加密算法（私钥密码体系）和非对称加密算法（公钥密码体系）。在对称加密算法中，数据加密和解密采用的都是同一个密钥，因而其安全性依赖于所持有密钥的安全性。对称加密算法的主要优点是加密和解密速度快，加密强度高，且算法公开；但其最大的缺点是实现密钥的秘密分发困难，在大量用户的情况下密钥管理复杂，而且无法完成身份认证等功能，不便于应用在网络开放的环境中。最著名的对称加密算法有数据加密标准（DES）和欧洲数据加密标准（IDEA）等，加密强度最高的对称加密算法是高级加密标准（AES）。

对称加密算法、非对称加密算法和不可逆加密算法可以分别应用于数据加密、身份认证和数据安全传输。

1. 对称加密算法

对称加密算法是应用较早的加密算法，技术成熟。在对称加密算法中，数据发信方把明文（原始数据）和加密密钥一起经过特殊加密算法处理后，使其变成复杂的加密密文发送出去。收信方收到密文后,若想解读原文,则需要使用加密用过的密钥及相同算法的逆算法对密文进行解密,才能使其恢复成可读明文。在对称加密算法中,使用的密钥只有一个,发收信双方都使用这个密钥对数据进行加密和解密,这就要求解密方事先必须知道加密密钥。对称加密算法的特点是算法公开、计算量小、加密速度快、加密效率高。其不足之处是交易双方都使用同样的钥匙,安全性得不到保证。此外,每对用户每次使用对称加密算法时,都需要使用其他人不知道的唯一钥匙,这会使得发收信双方所拥有的钥匙数量呈几何级数增长,密钥管理成为用户的负担。对称加密算法在分布式网络系统上使用较为困难,主要是因为密钥管理困难,使用成本较高。在计算机专网系统中广泛使用的对称加密算法有 DES、IDEA 和 AES。

2. 非对称加密算法

非对称加密算法使用两把完全不同但又完全匹配的一对钥匙——公钥和私钥。在使用不对称加密算法加密文件时,只有使用匹配的一对公钥和私钥,才能完成对明文的加密和解密。加密明文时采用公钥加密,解密密文时使用私钥才能完成,而且发信方(加密者)知道收信方的公钥,只有收信方(解密者)才是唯一知道自己私钥的人。非对称加密算法的基本原理是,如果发信方想发送只有收信方才能解读的加密信息,发信方必须首先知道收信方的公钥,然后利用收信方的公钥来加密原文;收信方收到加密密文后,使用自己的私钥才能解密密文。显然,采用非对称加密算法,收发信双方在通信之前,收信方必须把自己早已随机生成的公钥送给发信方,而自己保留私钥。不对称算法拥有两个密钥,因而特别适用于分布式系统中的数据加密。

3. 不可逆加密算法

不可逆加密算法的特征是加密过程中不需要使用密钥,输入明文后,由系统直接将明文经过加密算法处理成密文,这种加密后的数据是无法被解密的,只有重新输入明文,并再次经过同样不可逆的加密算法处理,得到相同的加密密文并被系统重新识别后,才能真正解密。显然,在这类加密过程中,加密是自己,解密还得是自己,而所谓解密,实际上就是重新加一次密,所应用的"密码"也就是输入的明文。不可逆加密算法不存在密钥保管和分发问题,非常适合在分布式网络系统上使用,但因加密计算复杂,工作量相当繁重,通常只在数据量有限的情形下使用,如广泛应用在计算机系统中的口令加密,利用的就是不可逆加密算法。随着计算机系统性能的不断提高,不可逆加密的应用领域逐渐增大。

6.2.2 数据加密的传输安全

数据传输加密技术的目的是对传输中的数据流进行加密,以防止通信线路上的窃听、泄露、篡改和破坏。数据传输的完整性通常通过数字签名的方式来实现,即数据的发送方在发送数据的同时利用单向的不可逆加密算法 Hash 函数或者其他消息摘要算法计算出所传输数据的消息摘要,并把该消息摘要作为数字签名随数据一同发送。接收方在收到数据的同时也收到该数据的数字签名,接收方使用相同的算法计算出接收到的数据的数字签名,并把该数字签名和接收到的数字签名进行比较,若两者相同,则说明数据在传输过程中未被修改,数据完整性得到了保证。

Hash 算法也称为消息摘要或单向转换,是一种不可逆加密算法,称它为单向转换是因为:双方必须在通信的两个端头处各自执行 Hash 函数计算;使用 Hash 函数很容易从消息计算出消息摘要,但其逆向反演过程以计算机的运算能力几乎不可实现。

Hash 本身就是所谓的加密检查,通信双方必须各自执行函数计算来验证消息。举例来说,发送方首先使用 Hash 算法计算消息检查和,然后把计算结果 A 封装进数据包中一起发送;接收方再对所接收的消息执行 Hash 算法,计算得出结果 B,并把 B 与 A 进行比较。如果消息在传输中遭篡改,致使 B 与 A 不一致,接收方丢弃该数据包。

有两种最常用的 Hash 函数。

MD5(消息摘要 5):MD5 对 MD4 做了改进,计算速度比 MD4 稍慢,但安全性得到了进一步改善。MD5 在计算中使用了 64 个 32 位常数,最终生成一个 128 位的完整性检查和。

SHA 安全 Hash 算法:该算法以 MD5 为原型。SHA 在计算中使用了 79 个 32 位常数,最终产生一个 160 位的完整性检查和。SHA 检查和长度比 MD5 长,因此其安全性更高。

6.2.3　数据加密的身份认证

身份认证要求参与安全通信的双方在进行安全通信前,必须互相鉴别对方的身份。保护数据不仅仅是要让数据正确、长久地存在,更重要的是,要让不该看到数据的人看不到。这方面就必须依靠身份认证技术来给数据加上一把锁。数据存在的价值就是需要被合理访问,所以,建立信息安全体系的目的应该是保证系统中的数据只能被有权限的人访问,未经授权的人则无法访问到数据。如果没有有效的身份认证手段,访问者的身份就很容易被伪造,使得未经授权的人仿冒有权限人的身份,这样任何安全防范体系就都形同虚设,所有安全投入就被浪费了。

在企业管理系统中,身份认证技术要能够密切结合企业的业务流程,阻止对重要资源的非法访问。身份认证技术可以用于解决访问者的物理身份和数字身份的一致性问题,给其他安全技术提供权限管理的依据。所以说,身份认证是整个信息安全体系的基础。

网上的通信双方互不见面,必须在交易时(交换敏感信息时)确认对方的真实身份;身份认证指的是用户身份的确认技术,它是网络安全的第一道防线,也是最重要的一道防线。

在公共网络上的认证,从安全角度可以分为两类:一类是请求认证者的秘密信息(如口令)在网上传送的口令认证方式;另一类是使用不对称加密算法,而不需要在网上传送秘密信息的认证方式,这类认证方式中包括数字签名认证方式。

1. 口令认证方式

口令认证必须具备一个前提:请求认证者必须具有一个 ID,该 ID 必须在认证者的用户数据库(该数据库必须包括 ID 和口令)中是唯一的。同时为了保证认证的有效性,必须考虑以下问题:请求认证者的口令必须是安全的;在传输过程中,口令不能被窃看、替换;请求认证者在向认证者请求认证前,必须确认认证者的真实身份,否则会把口令发给冒充的认证者。

口令认证方式还有一个最大的安全问题,就是系统的管理员通常都能得到所有用户的口令。因此,为了避免这样的安全隐患,通常情况下会在数据库中保存口令的 Hash 值,通过验证 Hash 值的方法来认证身份。

2. 使用非对称加密算法的认证方式(数字证书方式)

使用非对称加密算法的认证方式,认证双方的个人秘密信息(如口令)不用在网络上传送,减少了认证的风险。这种方式是通过请求认证者与认证者之间对一个随机数做数字签名与验证数字签名来实现的。

认证一旦通过,双方即建立安全通道进行通信,在每一次的请求和响应中进行,即接收信息的一方先从接收到的信息中验证发信人的身份信息,验证通过后才根据发来的信息进行相应的处理。

用于实现数字签名和验证数字签名的密钥对必须与进行认证的一方唯一对应。

在公钥密码(非对称加密算法)体系中,数据加密和解密采用不同的密钥,而且用加密密钥加密的数据只有采用相应的解密密钥才能解密,更重要的是从加密密钥来求解解密密钥十分困难。在实际应用中,用户通常把密钥对中的加密密钥公开(称为公钥),而不公开解密密钥(称为私钥)。利用公钥密码体系可以方便地实现对用户的身份认证,也即用户在信息传输前首先用所持有的私钥对传输的信息进行加密,信息接收者在收到这些信息之后利用该用户向外公布的公钥进行解密,如果能够解开,说明信息确实为该用户所发送,这样就方便地实现了对信息发送方身份的鉴别和认证。在实际应用中通常把公钥密码体系和数字签名算法结合使用,在保证数据传输完整性的同时完成对用户的身份认证。

非对称加密算法都基于一些复杂的数学难题,例如,广泛使用的RSA算法就是基于大整数因子分解这一著名的数学难题。常用的非对称加密算法包括整数因子分解(以RSA为代表)、椭圆曲线离散对数和离散对数(以DSA为代表)。公钥密码体系的优点是能适应网络的开放性要求,密钥管理简单,并且可方便地实现数字签名和身份认证等功能,是电子商务等技术的核心基础。其缺点是算法复杂,加密数据的速度和效率较低。因此在实际应用中,通常把对称加密算法和非对称加密算法结合使用,利用AES、DES或者IDEA等对称加密算法来进行大容量数据的加密,而采用RSA等非对称加密算法来传递对称加密算法所使用的密钥,通过这种方法可以有效地提高加密的效率并能简化对密钥的管理。

此外,数据安全还涉及其他很多方面的技术与知识,如黑客技术、防火墙技术、入侵检测技术、病毒防护技术、信息隐藏技术等。

6.3 数 据 存 储

数据存储对象包括数据流在加工过程中产生的临时文件或在加工过程中需要查找的信息。数据以某种格式记录在计算机内部或外部存储介质上。数据存储要命名,这种命名要反映信息特征的组成含义。数据流反映了系统中流动的数据,表现出动态数据的特征;数据存储反映系统中静止的数据,表现出静态数据的特征。

6.3.1 DAS

DAS(Direct Attached Storage,直接附加存储)方式与我们普通的PC存储架构一样,外部存储设备都是直接挂接在服务器内部总线上,数据存储设备是整个服务器结构的一部分。

DAS方式主要适用以下环境。

1. 小型网络

因为网络规模较小,数据存储量小,且也不是很复杂,采用这种存储方式对服务器的影响不会很大,并且这种存储方式十分经济,适合拥有小型网络的企业用户。

2. 地理位置分散的网络

虽然企业总体网络规模较大,但在地理分布上很分散,通过 SAN 或 NAS 在它们之间进行互联非常困难,此时各分支机构的服务器可采用 DAS 方式,这样可以降低成本。

3. 特殊应用服务器

在一些特殊应用服务器上,如微软的集群服务器或某些数据库使用的原始分区,均要求存储设备直接连接到应用服务器。

4. 提高 DAS 存储性能

在服务器与存储的各种连接方式中,DAS 曾被认为是一种低效率的结构,而且也不方便进行数据保护。直连存储无法共享,因此经常出现的情况是某台服务器的存储空间不足,而其他一些服务器却有大量的存储空间处于闲置状态,却无法利用。如果存储不能共享,也就谈不上容量分配与使用需求之间的平衡。

DAS 结构下的数据保护流程相对复杂,如果做网络备份,那么每台服务器都必须单独进行备份,而且所有的数据流都要通过网络传输。如果不做网络备份,那么就要为每台服务器都配一套备份软件和磁带设备,所以说备份流程的复杂度会大大增加。

想要拥有高可用性的 DAS,就要首先能够降低解决方案的成本,例如:LSI 的 12 Gbit/s SAS,它有 DAS 直连存储,通过 DAS 能够很好地为大型数据中心提供支持。对于大型的数据中心、云计算、存储和大数据,所有这一切都对 DAS 的存储性能提出了较高的要求,云和企业数据中心数据的爆炸性增长推动了市场对于可支持更高速数据访问的高性能存储接口的需求,LSI 12 Gbit/s SAS 正好能够满足这种性能增长的要求,它可以提供更高的 IOPS 和更高的吞吐能力,12 Gbit/s SAS 提高了写入性能,并且提高了 RAID 的整个综合性能。

与直连存储架构相比,共享式的存储架构,如 SAN(Storage Area Network)或者 NAS(Network Attached Storage),都可以较好地解决以上问题。2012 年以前,研究者普遍认为 DAS 被淘汰的进程越来越快了,可是近年来,人们发现 DAS 不但没有被淘汰,反而还有回潮的趋势。

6.3.2　NAS

NAS 数据存储方式全面改进了以前低效的 DAS 方式。它采用独立于服务器,单独为网络数据存储而开发的一种文件服务器来连接所存储设备,自形成一个网络。这样数据存储就不再是服务器的附属,而是作为独立网络节点存在于网络之中,可由所有的网络用户共享。

NAS 的优点如下。

① 真正的即插即用。NAS 是独立的存储节点,存在于网络之中,与用户的操作系统平台无关,是真正的即插即用。

② 存储部署简单。NAS 不依赖通用的操作系统,而是采用一个面向用户设计的、专门用于数据存储的简化操作系统,内置了与网络连接所需要的协议,因此其整个系统的管理和设置较为简单。

③ 存储设备位置非常灵活。

④ 管理容易且成本低。

NAS 数据存储方式是基于现有的企业 Ethernet 而设计的,按照 TCP/IP 协议进行通信,以文件的 I/O 方式进行数据传输。

NAS 的缺点如下。

① 存储性能较低。

② 可靠度不高。

6.3.3 SAN

1991 年,IBM 公司在 S/390 服务器中推出了 ESCON(Enterprise System Connection)技术。它是基于光纤介质,最大传输速率达 17 MB/s 的服务器访问存储器的一种连接方式。在此基础上,IBM 公司进一步推出了功能更强的 ESCON Director(FC Switch),构建了一套最原始的 SAN 系统。

SAN 存储方式创造了存储的网络化。存储网络化顺应了计算机服务器体系结构网络化的趋势。SAN 的支撑技术是光纤通道(Fiber Channel,FC)技术。它是 ANSI 为网络和通道 I/O 接口建立的一个标准集成。FC 技术支持 HIPPI、IPI、SCSI、IP、ATM 等多种高级协议,其最大特性是将网络和设备的通信协议与传输物理介质隔离开,这样多种协议可在同一个物理连接上同时传送。

SAN 的硬件基础设施是光纤通道,用光纤通道构建的 SAN 由以下 3 个部分组成。

① 存储和备份设备。存储和备份设备包括磁带、磁盘和光盘库等。

② 光纤通道网络连接部件。光纤通道网络连接部件包括主机总线适配卡、驱动程序、光缆、集线器、交换机、光纤通道和 SCSI 间的桥接器。

③ 应用和管理软件。应用和管理软件包括备份软件、存储资源管理软件和存储设备管理软件。

SAN 的优势如下。

① 网络部署容易。

② 高速存储性能。因为 SAN 采用了光纤通道技术,所以它具有较高的存储带宽,存储性能明显提高。SAN 的光纤通道使用全双工串行通信原理传输数据,传输速率高达 1 062.5 Mbit/s。

③ 良好的扩展能力。SAN 采用了网络结构,扩展能力强。光纤接口提供了 10 km 的连接距离,这实现了物理上的分离,使得不在本地机房的存储变得非常容易。

6.3.4 3 种存储方式的比较

存储应用最大的特点是没有标准的体系结构,这 3 种存储方式共存,互相补充,已经很好地满足了企业信息化应用。

从连接方式上对比,DAS 采用了存储设备直接连接应用服务器,具有一定的灵活性和限制性;NAS 通过网络(TCP/IP、ATM、FDDI)技术连接存储设备和应用服务器,存储设备位置灵活,随着万兆网的出现,其传输速率有了很大的提高;SAN 则通过光纤通道技术连接存储设备和应用服务器,具有很好的传输速率和扩展性能。3 种存储方式各有优势,相互共存,占到了磁盘存储市场的 70% 以上。SAN 和 NAS 产品的价格远远高于 DAS,许多用户出于价格因素考虑选择了低效率的直连存储,而不是高效率的共享存储。

客观地说,SAN 和 NAS 系统已经可以利用类似自动精简配置(Thin Provisioning)这样的技术来弥补早期存储分配不灵活的短板。然而,之前它们消耗了太多的时间来解决存储分配的问题,以至于给 DAS 留有足够的时间在数据中心领域站稳脚跟。此外,SAN 和 NAS 依然问题很多,至今无法解决。

6.4　数　据　备　份

从客观的角度来分析,计算机数据备份和数据恢复技术的应用有着重要意义,我们对于该项技术的研究,必须努力从长远的角度出发。在时代的发展过程中,数据类型、数量不断增加,无论是备份还是恢复,都要通过合理的技术手段来操作,要积极地减少工作当中的问题,不断地推动技术进步。

6.4.1　计算机数据备份和数据恢复技术的意义

伴随着信息化时代、网络化时代的来临,计算机的应用已经非常普遍,其能够对日常生活、工作、娱乐、购物等都产生较大的帮助,已经成了必要性的工具。但是,随着计算机数据的不断增加,数据备份工作和数据恢复工作得到了科技领域内的广泛重视。很多用户在该方面,没有掌握好先进的技术,在意识上也不够强烈,由此导致的自身的损失是比较严重的。在此种情况下,计算机数据备份和数据恢复技术的应用具有非常重要的意义。首先,该项技术的合理应用,能够为用户自身的经济利益做出保证。很多企业工作人员,都在利用计算机来办公,所有的数据都具有较高的商业价值,此时的备份和恢复技术操作,能够进一步减少损失,为将来的工作进步提供足够的支持。其次,技术在实施过程中,可以促使很多计算机用户养成良好的工作习惯,为将来的长久发展奠定坚实的基础,进一步减少数据损失现象,为自身的拓展做出平衡处理。

6.4.2　计算机数据备份和数据恢复技术的应用对策

从长远的角度来分析,计算机数据备份和数据恢复技术的应用,已经成了时代发展的必然选择,同时在很多领域内,都会产生较大的影响,我们在今后的工作中,应坚持按照合理的方法,对计算机数据备份和数据恢复技术进行科学的应用。从客观的角度来分析,该项技术的操作应坚持落实有效的策略,结合用户自身的需求和企业的需求来完成,最大限度地覆盖不同的技术操作模式,努力提高技术的使用效果。

1. 借助专业性的恢复软件

对于计算机数据备份和数据恢复技术而言,其在具体应用的过程中,可尝试通过专业性的恢复软件来完成。从根本上分析,计算机数据的备份与恢复是将不同的程序做出编辑和运行。虽然有些数据在表面上被删除、消失,但是还是有一些可以寻找和恢复的路径,并且通过重组以后,能够将数据做出较好的保存。专业性的恢复软件能够对数据备份、数据恢复等,通过细节上的操作来完成,技术的可靠性、可行性较高,受到了很多用户的积极欢迎。数据恢复可选专门性的配套软件,这类软件可被随时调取,用作恢复数据。选取专门软件还应衡量综合范围内的软件性能,软件要配备较强的本体性能。例如,现存某些软件拟定了逻辑路径下的分区,扫描细化多扇区以便于探寻丢掉的某些信息。通过对专业性的恢复软件进行应用,能够促使数据得到更多的保护,对用户的利益进行进一步的保障。

2. 增设防护性的存储

对于计算机数据备份和数据恢复技术而言,存储方面的工作是非常重要的组成部分。从现有的工作来看,我们可以通过增设防护性的存储来完成。首先,对不同的数据设定自动存储、备份的功能。这样一来,用户在操作数据的过程中,数据会自动地存储到规定的硬盘当中,对于数据的备份也能够达到自动化的效果,减少了数据损失的情况。其次,要加强提醒功能的设计。例如,Office 办公软件在使用过程中,当用户长期没有对自己的数据做出保留时,软件会提示用户数据未保存,存在一定的风险。通过这样的功能提示,督促用户及时地保存自身的数据,并且在备份上做好巩固措施,减少数据损失现象。最后,防护性存储工作的开展能够借助一些先进的技术手段来完成,确保系统内部可以默认对数据做出良好的保护,尤其是在更新系统或者是在更新软件过程中,固有的数据不会删除,能够较好地保存下来。

6.4.3 计算机备份安全防护技术

计算机存储的信息越来越多,而且越来越重要,为防止计算机中的数据意外丢失,一般都采用许多重要的安全防护技术来确保数据的安全。常用和流行的数据安全防护技术如下。

1. 磁盘阵列

磁盘阵列是指把多个类型、容量、接口,甚至品牌一致的专用磁盘或普通硬盘连成一个阵列,使其以较快的速度,准确、安全的方式读写磁盘数据。

2. 数据备份

备份管理包括备份的可计划性、自动化操作、历史记录的保存和日志的记录。

3. 双机容错

双机容错的目的在于保证系统数据和服务的在线性,即当某一系统发生故障时,仍然能够正常地向网络系统提供数据和服务,使得系统不至于停顿,双机容错的目的在于保证数据不丢失和系统不停机。

4. NAS

NAS 解决方案用于文件服务,由工作站或服务器通过网络协议和应用程序来进行文件访问,大多数 NAS 链接在工作站客户机和 NAS 文件共享设备之间进行。这些链接依赖于企业的网络基础设施来正常运行。

5. 数据迁移

由在线存储设备和离线存储设备共同构成一个协调工作的存储系统,该系统在在线存储设备和离线存储设备间动态地管理数据,使得访问频率高的数据存放于性能较高的在线存储设备中,而访问频率低的数据存放于较为廉价的离线存储设备中。

6. 异地容灾

以异地实时备份为基础的高效、可靠的远程数据存储,在各单位的 IT 系统中,必然有核心部分,通常称之为生产中心,往往给生产中心配备一个备份中心,该备份中心是远程的,并且在生产中心的内部已经实施了各种各样的数据保护。不管怎么保护,当火灾、地震这种灾难发生时,一旦生产中心瘫痪了,备份中心会接管生产,继续提供服务。

7. SAN

SAN 允许服务器在共享存储装置的同时仍能高速传送数据。这一方案具有速度快、可用性高、容错能力强的优点,而且它可以轻松升级,容易管理,有助于改善整个系统的总体成本状况。

8. 数据库加密

对数据库中数据进行加密是为了增强普通关系数据库管理系统的安全性,提供一个安全适用的数据库加密平台,对数据库存储的内容实施有效保护。它通过数据库存储加密等安全方法实现了数据库数据存储保密性和完整性要求,使得数据库以密文方式存储并在密态方式下工作,确保了数据安全。

9. 硬盘安全加密

经过安全加密的故障硬盘,硬盘维修商根本无法查看,绝对地保证了内部数据的安全性。硬盘发生故障并更换新硬盘时,全自动智能恢复损坏的数据,有效地防止了企业内部数据因硬盘损坏、操作错误而造成的数据丢失。

6.5　数　据　恢　复

数据恢复即将遭受破坏的数据还原为正常数据的过程。数据恢复分为 3 个层次:基于文件目录的数据恢复、基于文件数据特征的数据恢复和残缺数据的数据恢复。

1. 基于文件目录的数据恢复

数据存储通常是将数据以文件形式存放在磁盘等存储介质上,在常用的 FAT 文件系统中,文件的内容和目录分别存放,数据区中的文件内容是以簇为单位存放的,其存储位置通过文件目录数据来定位。一般的数据恢复方法就是根据文件的目录数据损坏的程度,全部或者部分恢复文件的内容。

2. 基于文件数据特征的数据恢复

各种类型的文件都有一定的数据特征,例如,每个数据文件都有一个文件头,同一类型的文件头是一样的,可以根据不同文件类型的文件特征从数据区直接扫描并恢复文件数据。例如,DOC 文档前 8 字节十六进制数是:d0 cf 11 e0 a1 b1 1a e1。PNG 文件前 8 字节十六进制数是:89 50 4e 47 0d 0a 1a 0a。

3. 残缺数据的数据恢复

硬盘中有一些特殊区域,如未分配空间,目前虽然没有被使用,但可能含有先前的数据残留;文件中的"Slack"空间,即文件有效数据的结束位置到最后一个数据库的最末端位置之间的存储空间。如果文件长度不是簇长度的整数倍,在文件最后一簇中,会有一些剩余空间,可能包含先前文件的残留数据。从这些特殊区域恢复出的数据或者信息片段,有可能成为有用的电子证据。

6.6 思 考 题

1. 列举典型的数据安全威胁要素。
2. 列举几种典型的数据存储方式。
3. 讲一讲数据备份和数据恢复的意义。
4. 数据恢复包含哪 3 个层次？
5. 常用的计算机备份安全防护技术有哪些？

第 7 章

网络舆情分析

7.1 网络舆情概述

7.1.1 网络舆情及其产生背景

对舆情进行研究,首先最重要的是要清楚何为舆情,其次是舆情源自哪里以及舆情有哪些特点,最后是如何对舆情进行研究,对以上内容清晰明了以后,才能科学合理地对舆情监控进行研究。舆情即群众的看法、态度,是所有民意表达的一种综合表现方式,也是古代所说的民意理论中的描述;表达了大众对自身利益的一种需求的申诉,简单来说就是社会舆论的情况,反映大众对于社会事件的情绪、态度和意见的整体态势。随着计算机技术的快速进步,互联网平台已经是人们发表建议、表达观点和情绪的众多平台中最重要的一种。网民们通过互联网针对某一热点事件表述自己的观点和建议,网络舆情具有比传统舆情更大的广度和深度,将舆论影响扩展到最大。网络是网民情感和态度的载体,而网络舆情是社会舆情的一种特殊的反应模式,专家和学者们逐渐关注和研究网络舆情。新闻的评论、微博内容、论坛帖子等构成了网络中的舆情信息;网络舆情所分析的对象事件主要是自然灾害、生产安全、公共卫生、社会化思潮、国外涉华突发事件等热点事件。

网络舆情与舆情的关联性很强,所以很多研究者先界定了舆情的基本概念。近年来,关于舆情基础理论的研究取得了一定进展,尽管研究成果还不甚丰富,但是学者们就已有的一些成果对舆情的概念进行了积极的探讨。当前学者对舆情概念的认识有狭义与广义之分。狭义上,王来华认为舆情指在一定的社会空间内,围绕中介性社会事项的发生、发展和变化,作为舆情主体的民众对国家管理者产生的和持有的社会政治态度。广义上,张克生认为舆情指国家管理者在决策活动中所必然涉及的、关乎民众利益的民众生活(民情)、社会生产(民力)、民众中蕴涵的知识和智力(民智)等社会客观情况,以及民众在认知、情感和意志的基础上,对社会客观情况以及国家决策产生的主观社会政治态度(民意)。简而言之,广义的舆情就是指民众的全部生活状况、社会环境和主观意愿,也就是通常所说的"社情民意"。通过狭义和广义舆情概念之间的比较,作为民众社会政治态度的狭义舆情是作为"社情民意"的广义舆情的一个重要组成部分。刘毅的《网络舆情研究概论》是国内在网络舆情研究理论方面的第一本专著,他在讨论到网络舆情基本概念时,给出了舆情的界定:舆情是由个人以及社会群体构成的公众,在一定历史阶段和社会空间内,对自己关心或与自身利益密切相关的各种公共事务所持有的多种情绪、意愿、态度和意见交错的总和。刘毅在给出网络舆情界定之前,还介绍了"舆情信息"这一理解起来让人感觉含糊不清的概念,给出的网络舆情的定义为:通过互联网表达和传播的各种不同情绪、态度和意见交错的总和。刘毅分析了舆情、舆论、民意3个概念,认为舆情范围最大,民意范围最窄,这是第一个直接区别开舆情、舆论、民意的观点。他同时提出了网络舆情信息内容分析的工作流程框架,并归纳了网络舆情的主要特点为自由性可控性、交互性即时性、隐匿性外线性、情绪化非理性、丰富性多元性、个性化群力极化性。

用与网络舆情相关的网络关键词来搜索,在百度上能搜索到295万条记录,同时对相关的期刊进行检索,有1 000多篇关于网络舆情方面的文章已经发表,且其发表数量呈逐年上涨的趋势。而这些期刊尤其值得我们注意的是发表类别广泛,不仅是计算机方面的期刊,还包括社会学、管理学方面的期刊,这就反映了网络舆情是当前各学科的一个研究热点,各方都已投入科研力量进行研究。

中山大学周如俊教授给出了一个比较简单的概念,来对网络舆情进行定义,他认为网络舆情的主要内容就是网络关注的"焦点""热点",而这些"焦点"与"热点"本身并非舆情,而是人们对这些问题持有的集体倾向性的观点或意见才构成网络舆情。

天津社会科学院刘毅对周如俊的定义加了一定的限制,给出了舆情的主题,同时也进一步揭示了舆情产生的基本动机,即网络舆情的产生是由社会公众对关系自己切身利益或自己关心的公共事务持有的观点,其根本是想通过自己的意见与建议以达到事务向有利于自己利益的方向发展的一种态度。

南开大学徐晓日说明网络舆情只不过是公众利用现代技术对自己、对某件事务的一种信息化表达,这些舆情本身就存在于传统社会之中,只不过囿于技术条件的落后,无法扩散,一旦自己的观点或态度得以传播并且形成一定的影响力,那这就成了网络舆情。

华中科技大学纪红主要通过政治方面来解读网络舆情,其主要关注点是网民对政治事务的观点和态度。

天津社会科学院王来华给出了网络舆情的狭义定义,其特点是认为网民对公共事务的态度并非是网民自身有感而发,而是受某种中介机构的影响,而倾向地符合这些机构的社会政治态度。

天津社会科学院刘毅主要关注内容分析法对网络舆情的作用。内容分析法的重要特点就是客观、系统以及定量。通过对互联网内容的数据进行分析,从而找出网络信息传播特点,了解其生成机制以及其影响力的作用。内容分析法在网络舆情分析中的作用有3个方面:①能分析出网络舆情信息的内容构成;②网络舆情的倾向性分析、传播主体的构成以及传播者的目的性的判别;③能够推出未来舆情的发展轨迹。

中山大学黄晓斌研究了广泛用于搜索引擎的数据挖掘技术。其认为,网络舆情的发展与产生主要是由于各种文本信息在网上的传播,因此分析文本的内容就能够发现舆情产生、传播与平息的发展模式。其主要技术特征:首先,对文本的特征进行提取,滤除大量的无用信息;其次,利用提取的关键特征来对特征进行分类与聚集,找出其共同部分;再次,找出各种观点的相互关系;最后,对文本信息进行总结,给出舆情发展趋势的判断。

中共烟台市委党校王娟总结了当前人工舆情分析的种种缺点,以及提出了网络舆情自动监督系统设计的必要性。首先,我国互联网发展迅速,网站数量呈几何级的趋势增长,若采取人工分析,不仅耗费大量的人力,而且得到的舆情分析不够全面,主观性强,同时漏检的概率也很大。因此,网络舆情的传播利用互联网技术,同时也使用互联网技术对其进行监管。建立先进的网络舆情监督管理系统,利用其自动分析的特点实时对网站舆情进行动态监控、动态反馈。这就要求系统的搭建必须要综合数据库技术、计算机技术等相关技术来支持。

7.1.2　网络舆情的特点

随着移动终端技术的快速发展以及移动设备的不断普及,我国已经进入了全民大数据时代。大数据环境下,网络平台颠覆了传统媒介方向不可逆、传播范围狭窄的传播模式,具有互动性更强、范围更大、速度更快等特点。在互联网平台上,舆情传播的主体既是发布者也是传播者,信息发布者和传播者都具有同等重要的地位,他们共享信息选择自由和发表言论自由。因此,大数据环境下的网络舆情除了具有传统的舆情特征,还具有以下几种特征。

1. 网民情绪化比较严重,造成一定的言语偏差

古语有云"物以类聚,人以群分",长时间聚集在一块的人们,会受到群体很多的影响,在心理上就会感受到更多的暗示,从而形成一种群体行为,不利于网络舆情的健康传播与发展。在现代社会,很多人迫于生活的压力,无处宣泄自身的负面情绪,就会选择在不受限的网络平台肆意地发泄,这些人的言论往往比较激进,缺乏理性,极其情绪化,在信息传播过程中,少不了会带来一些负面影响,具有很大的煽动性。这种行为经常会被一些别有用心的网民加以利用,把一些事件添油加醋,歪曲事实,更有甚者会随意捏造事实,这对网络舆情信息的传播具有很大程度的消极影响。由此可以看出,在网络舆情传播过程中理性思考发表言论者的较少,情绪激烈者占多数,整个网络充斥着负面的信息,正能量相对较少。

2. 网络舆情发生突然,传播迅速

网络舆情的传播是以互联网技术为基础的,网络技术的不断更新、网民规模的逐渐增大和互联网普及率的逐渐增高,为网络舆情迅速爆发和传播创造了条件。当某一舆情事件发生,并在微博、微信等通信工具上发布后,可以在短时间内"穿山越岭,漂洋过海",传播到世界各地。一旦有舆情事件发生,很多网民就会在平台上发表自己的意见和观点,大批带有网民情绪和态度的意见综合在一起,形成公共意见。网络舆情经常突然性爆发,网民们利用各种网络平台互动,通过各种渠道形成多样的观点,使事件以最快的速度传播,表现出网络舆情爆发的突然性和传播的迅速性。

3. 网络舆情信息丰富,言论自由

网络平台公众发布言论具有随机性和自主性,网民散布在社会的各阶层、各领域,舆情的主题主要包含军事、通信、民生、文化等多个方面,内容丰富。而且新媒体的出现使得人们获得了越来越多的话语权,网民们可在任何场合、任何时间自由地表达自己的言论,流露自己的情感,各种意见五花八门,打破了传统的"统一格式"声音。在社交媒介中,人们接收信息的同时也不断地制造新信息,可以互相关注和转发彼此的评论和意见;网民甚至可以使用匿名的方式表达自己的真实想法和态度,不受外界限制,自由地发布自己的观点。因此网络舆情不仅具有多元性,同时还具有言论自由的特性。

4. 网络舆情具有较强的互动性

社会公民能够在社交网络平台上表达出较强的积极参与的意愿。网民针对某一舆情热点事件在网络平台上发布信息、评论信息以及转发信息的过程中能够形成自由的互动特征。

此外,随着讨论舆情事件的网民数量的增加,可能出现矛盾或相互对立的看法,网民在社交平台上争论、探讨和交流的过程就能体现出网络舆情所具有的交互性。无论是相同的观点还是针锋相对的争论都是实时性互动交流,这样能够使各种观点及时被表达出来,促进网民讨论交流得更加广泛和深入。因此,网络舆情具有很强的交互性,不仅可以加快网络舆情的传播,还能够促进网络舆情的发展。

7.1.3 网络舆情分析的目的

现实舆情的主体是公众,虽然近年来,网络成为舆情反映的主要平台,但确实存在重大社会舆情的案例。网络舆情的主体不仅是网络化的公众——网民,还包括部分"意见领袖"——如知名艺人和媒体人等。一方面,网民的意见在形成的过程中必然受到"意见领袖"的影响。在广告研究中,知名人物代言的"晕轮效应"常用来解释为什么明星代言的产品说服力强。在公众意见的形成过程中,"晕轮效应"同样值得关注。另一方面,知名艺人和媒体人的意见本身就是舆情的一部分。在"永州唐慧事件"的网络舆情中,知名媒体人邓飞、于建嵘、祝华新的意见被多次提及,出现在众多的媒体报道和舆情分析报告中。尽管从字面上理解,网络舆情是指公众意见的情况,但在实际的操作中不能把公众与"名人"对立起来。

网络舆情分析的主体则是网络舆情分析师这种职业角色。毫无疑问,"分析"必定需要一个主语,与"网络舆情分析"这个倒置的宾语相对应的主语必定是"网络舆情分析师"。网络舆情分析师也称为网络舆情信息员。祝华新在北京大学的一场演讲中说:"网络舆情分析师活跃在党政机关、企业以及专业学术机构,每天浏览成千上万个网页,对突发公共事件和热门话题如数家珍,熟知网络流行语和热门段子,能迅速把握热点,并准确分析舆情。"

舆情的客体是指舆情指向的话题。网络舆情分析的客体即网络中含有特定观点的信息。既然是信息,就包括表达和态度两个层面。那么网络舆情分析的客体也理应包含两层含义:表象客体和深层客体。网络舆情分析的表象客体即网络舆情的客体——承载舆情的信息。对信息的分析,需要从信息的属性出发。信息的属性有多方面的含义。网络舆情分析的深层客体即"舆情指向的话题"。如果说网络舆情对表象客体的分析指向信息的传播过程和影响,以及对传播过程的批判,那么网络舆情分析的深层客体则指向"信息为什么会产生""如何避免信息再次产生"这类问题。

有学者提出,网络舆情分析的目的是实现科学、民主决策,干预社会不公,保障社会稳定,准确识别社会的各种变化,及时发现社会矛盾。这种观点将舆情分析的主体仅限于时政类网络舆情分析师,缩小了网络舆情分析的范围。因此,研究网络舆情分析的目的,需要结合主体和客体两个层面的分析。

首先,从主体上看,尽管可以把网络舆情分析的主体笼统地定为"网络舆情分析师",但无论是在祝华新还是在刘鹏飞的笔下,网络舆情分析师的归属还可以细分为党政机关、企业和其他专门机构(如教育、卫生)3类。不同身份的网络舆情分析师,其分析的目的也有差异。前文中提到的舆情分析目的,可以称之为作为社会管理者的党政机关开展舆情分析的目的。针对专门机构开设网络舆情分析的主要客户是高校、医院和社会团体。在中国知网中以"舆情"和"高校"作为并列关系主题词检索,一共能检索到 562 篇文献。高校网络舆情分析的研究主要集中在社区舆情危机发现(如高校 BBS 上的有害信息以及校园网信息过滤)、高校网络形象舆情监测和针对大学生群体的舆论引导。与卫生机构相关的网络舆情研究则主要集中在卫生主管部门早期发现医患矛盾和维护网络舆论形象。社会团体——如红十字会——的网络舆情研究,则主要是维护机构的网络形象,澄清网络谣言。

其次,从客体上看,网络舆情分析的目的包括表象目的和深层目的两部分。网络舆情分析的表象目的,即网络舆情的新闻传播学价值,主要分析网络舆情的传播过程。不同的分析模型会有不同的分析要素。如果以拉斯韦尔的 5W 模型作为基础,那么分析的要素就包括发出者、接收者、传递者、信息内容和传播效果反馈五部分。如果以韦弗-香农数学模型为分析模式,那么就必须考虑噪声在网络舆情传播中的影响。人民网舆情监测室(现已更名为人民网舆情数据中心)编纂的网络舆情分析案例库和《网络舆情热点面对面》以个案分析为主,主要从网络舆情的传播时间点、传播文本的情感倾向、传播中的重要"接力者"等几个方面进行分析,并在最后加上定性的舆情点评。谢耘耕主编的《中国社会舆情与危机管理报告》以综述型舆情报告为主,重点从网络舆情事件的关注量、舆情主体特征、舆情领域分布、舆情地域分布、舆情行业分布、传播特征、反馈特征等几方面进行分析。

网络舆情分析的深层目的即网络舆情的政治学和社会学价值,主要分析的是网络舆情产生的社会原因和网络舆情对社会公共治理政策的反馈。撰写包含政治学和社会学价值的网络舆情分析报告的难度比撰写单纯新闻传播学价值的舆情分析报告要大。

7.1.4　网络舆情的传播

互联网中网民的规模不断壮大,网页和网站的数量也在一直增加,为舆情在互联网中的产生和传播创造了有利条件。首先,在互联网时代下,网络舆情的产生一般可归为以下 3 种。第一,很多比较有影响力的媒体对某一件事情进行报道,一些新闻网站发现这件事情引起了人们的广泛关注,就将其转至自己的网站平台上,大肆宣传,这样这件事情就得到了更多的关注,一些网民也会对这件事情进行讨论或者跟帖评论,部分网络平台就会对这件事情进行专题报道,形象、动态地报道整个事件过程。第二,网民在网络平台上对一些事情进行爆料,一些新闻平台的编辑在网络上嗅到这些可以引起网民关注的新闻后,就会转载到大型的网络媒体上,来博取网民更多的眼球和关注,所以,网络舆情必须以网络媒体作为载体,才能发展。第三,一些主流的搜索引擎可以根据一定的规则对网站进行排序,网站的排序与新闻的关注度呈正相关关系,一条新闻在搜索时的位置越靠前,就代表这条新闻的关注度越高,部分媒体就会大量报道,产生舆情。所以,一条新闻或者一件事件在搜索引擎上的位置,代表了其所受的关注度,也直接影响了舆情产生和传播过程。搜索引擎不仅是做产品宣传比较好的工具,也是监控舆情发展和引导舆情良性发展的有效保障。

其次,网络传播是网络舆情进行传播的基础。对于传播学的定义,一般包括"交流""信息"和"通信工具、交通联系"3 个层面。因此,可以人的社会传播活动为研究对象,以进行信息的传递、互换和共享活动作为传播学的概念。网络中信息交流和传递的互动性和反馈性比较强,相比于传统的传播方式,网络传播是一种现代化的交流和传播方式。网络传播以文字、音频和图片等非结构化数据作为传播对象,在互联网中快速传播,具有庞大的用户群,信息的传递者可以快速地传递信息。网络传播是传播的一个分支学科,对于网络传播的研究很大程度上需要借鉴传播学的理论,很多传统的传播理论在网络传播中都有创新的理解和认识。所以,基本可以认为网络传播的研究对象就是人类的网络传播行为,并且包括大众、个人、组织和群体等多种传播形式。

世界上的每一种生物或者每一件事物的产生与传播都必然遵循着一定的自身发展规律,网络舆情的产生和传播自然也是一样的。网络舆情的产生和传播基本上遵循以下的发展规律:事件发生后,通过网民爆料或媒体报道,让网民知道这件事的发生;然后一些网民或者媒体通过一些网络平台或者新闻介质针对这件事进行评论或者讨论,这样一来就会给一些相关的部门造成强大的舆论压力,个别媒体就会进行深度挖掘,找到事件更深一层的信息进行报道,这样一般会产生两种截然不同的结果,一是将问题有效地解决,二是将问题消极地解决,出现不当的后果,网民就会大量地讨论,在社会中掀起轩然大波,部分相关成员会受到处分,网民不再关注这件事,舆论舆情消失。所以,如果想要更好地利用网络和新闻媒体在舆情传播中的积极作用,就必须要很清楚地认识和理解网络舆情的传播规律。

7.2 网络舆情管理

7.2.1 网络舆情管理概述

网络舆情管理指的是,我们通过对网络之中的舆情的实时感知以及分析,从而进行有效的监督与管理,其目的主要在于通过舆情管理系统的建设,使使用单位全面、及时、准确地掌握舆论动向,制定正确的策略方针,采取有效的措施对负面信息进行干预,正面引导舆论发展,不断提高使用单位对相关敏感信息、事件的处理及控制能力,进一步加强互联网新闻宣传和信息安全管理工作。

按照事件性质的不同,网络舆情管理可分为一般事件网络舆情管理和突发事件网络舆情管理。依据管理主体的不同,网络舆情管理又有狭义与广义之分。狭义上的网络舆情管理即政府网络舆情管理,是指政府及其特定职能部门通过运用一定的方法和手段对互联网上传播的带有某种利益诉求和意识倾向性的意见和言论进行干预和调整的过程。其主要反映的是一种传统意义上的政府管控行为。而广义上的网络舆情管理是包括政府、社会组织、媒体以及网民等参与主体对各种网络舆情的综合研判与合作共治过程。它实质上是一种"政府主导、多元参与"的社会治理行为,在一定程度上它能够反映出国家网络治理体系和网络治理能力的水平和发展态势。就结构而言,网络舆情管理主要包括管理主体、内容、环境、技术、方式、策略等构成要素;就内容而言,网络舆情管理主要涉及网络舆情监控、研判、预警、应对、评估等过程要素。由此看出,网络舆情管理是一项多元素、全方位、全过程的复杂的系统工程。通过认识网络舆情事件的萌芽、发生与发展过程的演化规律及其作用机理,监管网络舆情环境的状态和要素变化,以及可能出现的次生、衍生事件,进而从整体、系统和过程的角度来预防与应对舆情事件的潜在危机或现实威胁,并最大限度地消减其负面影响和损失。

7.2.2 大数据以及人工智能时代下的网络舆情管理

在大数据时代,如何快速地对海量网络数据进行分析并建立舆情监控和引导机制,从而为管理者提供决策支持,是当前研究的热点和难点。相对于传统的社会舆情分析,大数据时代的社会舆情分析更集中于对大量网络数据的搜集、存储、清洗,并结合文本挖掘技术从大量低价值密度的数据中获取相关的舆情研究信息。大数据时代为我们提供了海量研究数据的同时,其数据容量大、流动快、形态多样、价值密度低以及真实性不高等特点,使得仅依据数据统计进行舆情监控的传统方法不再适用。如何浓缩海量信息,抵抗"数据爆炸",从而实现舆情信息增值并提高关联数据的趋势研判能力,是大数据时代舆情分析的重大挑战。

由于各种智能识别技术以及对数据的分析挖掘技术的迅速发展,舆情系统早已告别了人工检测、筛选、分析与预测的阶段。舆情系统越来越智能化、自动化。国外的研究主要集中在各大新闻网站、私人博客、各种社交网络以及微博监督管理方面。这些研究给舆情监督管理系统的设计与开发都提供了大量的可以借鉴的内容。例如,Opinion Observe 系统收集的并非是所有互联网的观点数据,而是有针对性地收集特定目标人员对特定事件的看法,然后再对这些结果进行数据分析,得出结论,此系统由芝加哥大学开发。再如,利用贝叶斯分类器来进行舆情分析预算识别的 Opinion Finder 智能舆情监督系统,其通过将文本标注和分词技术相结合,而后提取出更高层次的语义信息,进行分类,得出舆情侵向性分析,此系统由匹兹堡大学开发。

再一种就是利用机器学习功能进行语义分析,此种技术能够自主地调整舆情分析结果,提高识别精度,其既可以对整体也可以对特定对象进行监督,并且给出舆情关注度的排名,此类系统比较有代表性的是 James 开发的 Opinion Mind 智能舆情监督系统。

在智能舆情监督系统中,一个主要的智能分析工具就是 Web Fountain,其主要特点就是通过给定内容的分析和搜索,得出相关信息的主观色彩并且给出相应的舆情分析结论。

7.2.3　网络舆情管理研究现状

舆论导向是新闻媒体永恒的主题,近几年来我国的网络媒体特别是国家与地方重点新闻网站为我国的网络舆论引导工作摸索出了很多宝贵的经验。如利用技术手段过滤的方式,人民网"强国论坛"与新华网"发展论坛"等网站实行的定时开放版主全职管理模式等,就使一些垃圾信息与不适合发表的言论没有了存身之地。几年来,通过不断摸索,人民网"强国论坛"为网络论坛的舆论引导提供了不少可资借鉴的宝贵经验。例如,将论坛分为"深水区"和"浅水区",以适应不同的网民,利用深水区的紧与浅水区的松对论坛进行张弛有道的管理;对于国内外发生的任何大事件及网民关注的民生社情问题,"强国论坛"都会请来有关政府官员与相关专家及当事人做嘉宾访谈,用主流、权威及真实可信的声音占领论坛,在与网友的讨论中,整合、梳理论坛上杂乱无章的信息,在互动中引导舆论等。

国外很早就注意到了舆情研究的重要性,在 20 世纪初就成立了相应的舆情研究机构,以进行深入的研究。随着互联网技术的发展,国外的研究机构重点加强了网络舆情的研究,同时这些研究得到了政府的大力资助。同时,政府对网络的管理在很大程度上体现了政府的能力。因为各个国家的政治制度、价值观以及社会历史的不同,网络舆情的监管采取不同的态度及模式,其模式按照管理严厉程度的不同大概可以分为 3 种。

① 严格主义模式。此种模式的主要特点就是对网络进行严格监管,以达到维护本国互

联网的可管可控的目的,防止不良信息对社会与国家造成不良的影响。这种类型以新加坡为代表,我国也采取严格主义模式。

② 自由主义模式。此模式即政府不对网络舆情采取特殊的管理模式,保障人民的信息自主权,同时只对违法信息进行查处,如诽谤、造谣等,另外其互联网规则主要靠行业自律,政府干预很少。此种模式以美国和加拿大为主要代表,其中加拿大对网络的负面舆情也主要靠网络进行自我处理,政府无权干预。

③ 折中主义模式。此种模式介于严格与自由之间,其网络舆情管理主要靠法律来管理,政府对网络的管理也是在法律框架内进行,同时也支持行业协会对网络舆情进行自律。此种模式以英国为主要代表。英国的《3R网络安全协议》就是由各个方面的代表进行制定的,政府只是参与制定的一方,与各方都是平等的。

7.3 网络舆情分析方法

网络舆情分析不是类似哲学的思考,而是一种实践。作为实践的网络舆情分析,一定存在有指向的目标。有从业者认为,网络舆情分析的目的是还原网络意见生态。有的研究者认为,网络舆情分析是为了协助维持社会稳定。还有的研究者将网络舆情分析视为一种研究方法,以网络舆情的属性(如回复数、转发数、浏览量等)作为评估其他事物的指标。

网络舆情分析是一种对特定网络文本的研究。这种研究的成果仅限于"网络"这个前提,如果以此类推到其他领域,还需要做一系列复杂的归纳与演绎。未经严格的论证而将网络舆情分析视为一种万能的工具,以此作为评估其他事物的标准,或者以此平息社会问题,就是目标的越位。

7.3.1 检索方法分析

数据检索是网络舆情分析的准备阶段,网络舆情检索方法主要分为机器检索与人工检索两个大类。例如,人民网案例库中的"网民观点倾向分析",主要是以抽样的方法(300个样本)将网民观点的倾向进行聚类分析,这是人工检索方法的代表。机器检索常用于查询具体舆情信息的属性和舆情热点排行榜,例如,新华舆情在线的"今日舆情热点"主要以参与度作为评判热点的标准。据新华舆情的网站工作人员介绍,舆情参与度主要来自于新华舆情开发的"舆情在线"系统。

机器检索就是借助信息检索工具(如搜索引擎)在网络上抓取与给定关键词相关的信息,借助累加器、网址指向判断等简单的程序给出信息的来源和信息的浏览量,并可以按照用户要求进行排序和筛选(如按时间顺序排序和按来源筛选)。机器检索的基本理论来自于信息管理科学,最典型的应用就是网络搜索引擎。搜索引擎包括索引处理(Indexing Process)和查询处理(Query Process)两个部分,其工作流程如图7-1所示。

从图7-1中可以看到,搜索引擎两大部分的中心节点就是索引。索引即目录,就是搜索引擎在接到查询请求后搜索的区域。在商业搜索引擎中,目录是动态增加的(多通过网络爬虫)。

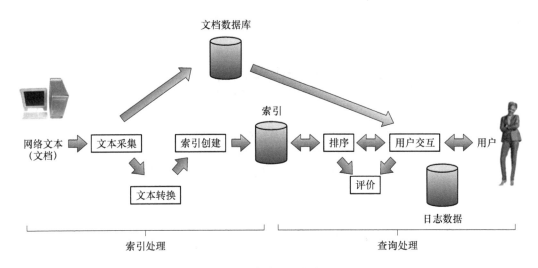

图 7-1　搜索引擎的检索流程

　　在一个网页中发现了新的网址,就把这个新网址添加到索引中。如果采用机器检索的方法抓取网络舆情,由于消耗过多的时间资源和空间资源,全网搜索是难以实现的(这是低效且耗能的),一般比较高效的方法是建立一个常用的网址库,在网址库的指定网站中检索。例如,人民网中文报刊检索系统的目录包括 17 家中央媒体、244 家地方级媒体、5 家境外媒体、533 家市场化媒体的报纸信息。在口碑评价研究中的数据检索部分,针对特定网址目录的检索也是常用的方法。例如,由北京大学视听传播研究中心开发的中国电视满意度博雅榜评估体系就是针对 300 家主要新闻网站开展数据收集。

　　人工检索并不是说完全依靠人工实现信息管理,而是借助开放性工具(如商业搜索引擎)完成网络舆情分析工作。这里的"人工"主要是相对于单一机器检索而言,以人工操作模拟搜索引擎的工作原理与方式。根据笔者的访谈,在人民网舆情数据中心和中国互联网新闻中心的舆情分析工作中,使用商业搜索引擎的概率非常高。刘鹏飞在一次内部演讲中介绍了 3 类常用的网络舆情分析工具,其中第一类就是商业搜索引擎。人工检索需要网络舆情分析师拥有较宽的网络关注视野,例如,微博账号的关注人群具有较强的舆情信息聚合能力,有一个经常浏览的新闻库和专栏作家库,根据自己视野内的信息完成舆情检索。由于网络聚合性工具(如微博、搜索引擎)的普及,通过限定一定的目录完成网络舆情信息检索具有理论上和操作上的可行性。

　　根据对人民网舆情数据中心的产品的分析,该机构主要的分析要素包括话题热度、热点新闻和微博、事件发展的时间轴和重要节点、文本倾向分析和媒体观点摘录。其中,话题热度可以根据新闻页面、论坛页面或者微博页面的参与数、转发数、评论数、阅读量等指标统计;热点新闻可以使用百度指数的数据;热点微博可以结合使用新浪微博和腾讯微博的数据;时间轴和重要节点即可以通过新浪新闻专题或者以时间作为排序依据对百度新闻的搜索结果进行排序;目前还没有可供开放使用的文本倾向性分析软件,因此这部分内容需要依靠人工完成;由于新闻报道和论坛发帖与学术论文不同,没有固定的格式,无法自动摘取摘要,因此媒体观点摘录大部分也由人工完成。

　　方正智思系统是方正集团开发的网络舆情监测平台之一。其主要的技术路径是在网络上抓取信息,并用自然语言处理技术完成分析。其具体流程如图 7-2 所示。

信息服务	个人定制		信息报告		门户技术
	关注信息	热点信息	时政要闻	决策支持	
信息处理	全文检索	相关推荐	自动聚类	信息分类	自然语言处理技术
	互联网采集分析平台				
	自动消重		自动分类	自动摘要	
信息采集	数字化采集	格式转换	标引	上载	网络抓取技术
	互联网站	论坛	博客	其他数据	

图 7-2 方正智思民意监测系统分析流程

军犬网络舆情监控系统是一家完全商业性质的机构。根据其网页的介绍,军犬网络舆情监控的流程如图 7-3 所示。

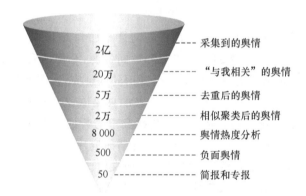

2亿	采集到的舆情
20万	"与我相关"的舆情
5万	去重后的舆情
2万	相似聚类后的舆情
8 000	舆情热度分析
500	负面舆情
50	简报和专报

图 7-3 军犬网络"舆情漏斗"

目前各大舆情分析机构的信息检索方法有以下特点。

① 在介绍中必提机器检索的优势,但在实际操作中自主研发的检索工具使用频率不高,普通商业搜索引擎的使用率较高。

② 机器检索都需要事先设定一个目录。

③ 机器检索负责数据的粗检索,人工检索负责数据的精细检索。

④ 检索的起点是关键词或者排行榜,检索的内容是信息的属性:转发量、点击量、评论量、传播关键点。

7.3.2 研判方法分析

数据研判是分析的核心技术环节。网络舆情的研判主要关注舆情发生的动因、核心诉求、传播路径和传播影响力,并判断舆情的传播走势和影响。完成两项任务,一是需要分析思路,二是需要理论支持。

人民网舆情数据中心在舆情分析产品中一般列举舆情事件的传播路径和关键节点,通过人工抽样分析的方法分析网民意见倾向(核心诉求分析),并通过简单的评述提供舆情引导策略。其中引导策略是基于基础传播学概念(如议程设置、二级传播和沉默的螺旋)和常用的公共关系手段(如主动沟通、态度诚恳等)而提出的。在人民网舆情数据中心发布的舆情排行榜中,常以统计为基础计算某一评估对象的得分情况,然后在一定范围内排序,并补充适当的个案分析。

新华网舆情在线平台两大产品的研判方法大不相同。一个产品是"舆情解码","舆情解码"是典型的案例研究,通过对单个网络舆情事件的全过程讨论,分析其特征与借鉴意义。这种案例研究与传统的新闻写作题材——新闻评述——非常类似,只不过其评述的对象只针对网络舆情事件。新华网舆情在线平台的另一个产品是"今日舆情热点","今日舆情热点"是针对单日网民点击量、搜索量或者评论量较高的新闻、微博、网贴和博客文章做出的排行榜。这类榜单不分析成因,仅提供一个数量上的参考。

武汉大学 ROST 虚拟学习团队的研判方法要更加专业。ROST 虚拟学习团队提出了"网络舆情指数"的评价指标,并以此为依据对网络热点事件进行排序。城市舆情热点地图借助网络舆情指数的成果,列举在固定时间段内与某一城市相关的舆情总量和舆情特征。在"意见领袖"分析中,ROST 虚拟学习团队通过微博参与数、微博总数、评论合计、转发合计、转评总数等指标综合判定"意见领袖"的活跃度。同时,ROST 虚拟学习团队依据已有的数据开展舆情事件特征的交叉分析,如分析群体性事件中"意见领袖"的作用。

云情报的机器分析部分仅提供褒贬义的聚类分析,之后就全部交由人工处理。据销售人员介绍,云情报的舆情分析师"全部是南方报业传媒集团的'转业'人员",这些舆情分析师主要从舆情演变的趋势、舆情发生的原因进行分析,并提出舆情应对建议。由此可见,云情报的分析方法类似于企业的品牌危机处理或者政府职能部门的媒体关系处理,其成果以专报的形式呈现。

军犬网络在其主页上提供了一个"舆情研判二叉树"图,图 7-4 展示了其分析框架。根据图 7-4 可知,军犬网络主要对网络舆情的情绪方向、热度和传播路径进行分析,并以此提出预警和解决方案。

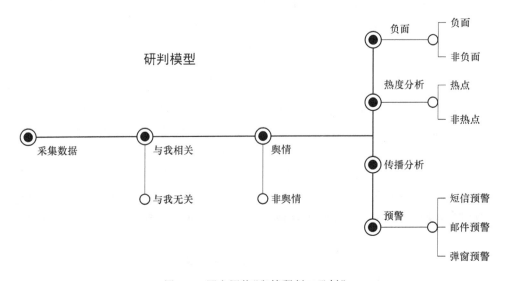

图 7-4　军犬网络"舆情研判二叉树"

7.3.3 常用的网络舆情分析方法

当前常用的网络舆情分析方法主要有双层分析方法、网络调查方法、基于统计规则的模式识别方法、基于内容挖掘的主题监测方法等。

1. 双层分析方法

检索方法讲究的是量,分析方法求的是质。好的舆情分析,即是为舆情分析的需求者量身定做的方法。需求者的要求千变万化,但总体来说无外乎两方面:为什么会有这些信息和怎么消除这些信息。对于前者的分析,需要借助社会学和政治学的分析方法与理论,称为传播层分析。对于后者的分析是技术层面的分析,可以用传播学的分析框架来解决,称为动因层分析。当然,也存在一些网络舆情分析的需求者对两方面都提出要求,同时满足这两方面要求的分析方法称为双层分析法。

(1) 传播层分析

网络舆情分析的浅层客体是信息。对于信息的分析,传播学中有各种各样的模型,如拉斯韦尔的 5W 传播模型,加入"噪音"这一要素的韦弗-香农数学模型等。作为信息的一种,网络舆情信息除了保留信息的一般性特征外,还有其独特的一面:网络舆情分析客户的需要。网络舆情信息服务的客户,其初衷是明确信息传播的变异之处:媒介的变异和内容的变异。因此,网络舆情信息的分析需要关注传播过程中的变异节点。

① 传播者分析。传播者的身份特征对生产传播内容和调整传播策略具有重要的意义。首先,传播者身份显著与否直接影响信息的传播影响力。网络上(尤其是微博平台中)的"意见领袖"拥有大批的关注者,其信息传播的影响力是"草根"用户难以匹敌的。其次,对传播者身份的解读有助于发现网络舆情背后独特的意义结构。《中国青年报》评论员曹林与《环球时报》总编辑胡锡进常在微博上因为观点的差异而"掐架"。然而,在北京"7·21"暴雨中,曹林主动为胡锡进开脱,发微博为胡锡进辩解。这场"将相和"成为证明微博正能量的有力证据。最后,依据传播者的身份可以做出人群特征假设,根据其人类学特征完成回归分析,完善公共关系传播的受众研究。李彪在《谁在网络中呼风唤雨》一书中分析了网络热点事件的重要传播者——网络水军——的特征,得出了网络水军的舆论影响力较弱的结论。

② 传播内容的变异分析。在韦弗-香农数学模型中,最引人注目的是加入了"噪音"这个传播要素。噪音在传播的过程会对信息产生干扰,现实中的案例就是谣言的产生。管理学的教学中常有这么一个案例,若干组学生,悄声口口相传一句话,最终的结果肯定是千奇百怪。这就是谣言产生的最简单机理——内容的变异。内容的变异包括信息的增和减两个部分。在舆情信息的传播中,有的传播者加入了新的内容,有的传播者选择性地忽略了一些内容,使原本的事实描述变成了谣言。尤其是网络新闻门户的"标题党"行为,是助长谣言的催化剂——截取片面信息作为标题,片面的标题再被当成消息传播。传播的变异分析有利于了解舆情话题的衍生性,也有利于理清传播的脉络和关键节点,在后期的应对中澄清事实。

③ 传播渠道的变异分析。无论是"共鸣效应"还是"逸散效果",都存在不同传播渠道之间的信息互动。在网络舆情热点的形成过程中,不同的媒体和公众会扮演不同的角色,他们之间不断互动,形成舆论流。这种信息互动存在两种模式:从微博讨论到网络新闻门户传

播,再到传统媒体跟进;从传统媒体报道到网络新闻门户转载,再到微博讨论。对传播渠道的变异进行研究,能够掌握渠道间衔接的关键节点,也能够了解不同渠道的传播效果。研究关键节点对于解决内容变异问题具有借鉴意义,而传播渠道传播效果的差异则有助于有效地开展后期的应对,并修正网络舆情分析师的关注目录。

④ 传播影响力分析。以上 3 个指标的研究大多是针对某一个对象,分析其技术层面的指标,较多用于专报型分析。综述型分析也是网络舆情分析报告中重要的类型,各种各样的排行榜是综述型分析的主要内容。排行榜的排序依据是传播影响力。如何评估传播影响力? 对传播影响力的评估首先要明确评估主体——是对机构和人的能力的评估,还是对事件影响力的评估。在目前的排行榜中,对于机构和人的能力的评估大多依据对传播者传播文本属性的分析,如发表量、转载率、评论数等。还有一些研究把这些传播文本的属性经过统计学的计算推导出一系列的新指标。这种方法非常类似于传播学研究的内容分析法。然而内容分析法在传播学研究中的缺陷——以结果主导能力的评判——被带到了网络舆情的研究中。对于机构和人的能力排行榜,除了现有的内容分析法,还应加入访谈的方法——了解机构的网络舆情应对机制和“意见领袖”的微博运营机制。例如,建立 24 小时值班汇报制度的机构就比简单地将微博放在机关办公室的方法有效得多,理应得到高分;有思考和辨别过程的“意见领袖”或者有一个专门的、管理完善的团队运行的“意见领袖”的微博就比随机转发的“意见领袖”的微博得分要高。对于事件评估的排行榜,大多从热度、强度、烈度等指标进行加权评估。事实上,这些指标的评估大多从传播文本的属性进行研究。

从传播文本的属性出发评估网络舆情事件是可行的,但指标应简化并突出“舆”的特点。所谓之“舆”至少应包含波及范围(传播媒体的变异,从市县级到省部级,从一省扩展到多省)、对网民话语的影响(是否形成网络流行语)两部分。目前的网络舆情分析框架中均缺少对这两方面的考量,这两方面才是网络舆情信息区别于其他信息的根本特征。这两种属性在量上的差异是舆情事件影响力排序的重要依据。

(2) 动因层分析

无论是对于社会公共治理者还是对于企业的执掌者,网络舆情分析的第一层仅能解决“腠理之疾”,对于了解问题的起因无能为力。然而,治本还需解病因,真正改善社会公共治理和企业的形象,单靠简单的公关与舆情应对手段可能会激化矛盾。在 2012 年凤凰卫视主办的世界华人盛典中,有记者向获奖者——著名的食品科学研究专家孙大文——提问:“如何才能解决中国的食品安全问题?”孙大文说:“认真做好监管,不要一味地去公关。”“五毛党”这个称谓的缘起,跟治标不治本的舆情应对手段有关。因此,高层次的网络舆情分析必须走向传播动因分析的方向。

① 网络舆情动因分析之网民的利益得失。网民的利益得失包括政策与产品两类。前者如 2013 年全国“两会”前提出的房地产调控“国八条”,网民认为该调控政策打击面过大,有损正在壮大的国内中产阶级利益。后者如 2013 年央视“3·15”晚会曝光江淮汽车的质量问题。网民对于前者的热议,缘起于政策的出台打乱了购房者的计划,网民对此存在不解。江淮汽车的舆情重点在于为企业的管理者敲响了质量管理的警钟,类似于一次外科式的体检。

② 网络舆情动因分析之群体的心理。群体极化是网络舆情分析的文献中多次被提及

的概念。网络不仅聚合信息,还聚合意见。在药家鑫案件的前后,舆情出现了明显的转向:药家鑫被正法前的舆情一边倒地高呼"严惩凶手",之后的舆情"反思药家鑫案中的舆论暴力"则成为主流。当"极化"的情绪成为一种力量时,网民就只能后悔,却不能挽回。不过,也有学者认为这些矛盾的背后,一些显性或潜在的因素的支配和推动起到了关键性的作用,正是这些因素不断地推动舆论达到"引爆点"。

③ 网络舆情动因分析之处置不当。瓮安事件是一起典型的因处置不当而引起社会骚乱和网络舆情的事件。在什邡事件和启东事件中,处置不当也是重要的原因。在具体的舆情事件中,处置不当的危害最大,大多数转化为社会行动的网络舆情事件,都是因为处置不当引爆网络舆论,网络舆论再转化为线下行动。

2. 网络调查方法

网络调查方法是将社会调查法移植到网络上,即在网上进行问卷调查。这种方法通过设计问卷、抽样调查、统计分析等一整套科学程序,能够客观地推论社情民意。这种方法应用广泛,许多网站在新闻网页下方设置新闻评论功能和读者态度倾向调查,新华网、人民网等网站在近年全国"两会"期间专门进行关于民众关注热点的网络舆情问卷调查,一些网站还针对国家重大事件和社会热点进行网络调查。

网络调查方法主要是进行采样分析,其结果精确性随着采样随机性的提高而提高,与样本数量的增加关系不大,也就是说,样本的随机性比样本的数量更重要,但实现这样的随机性非常困难,以至于如果抽样对象是互联网用户这样的复杂和海量对象,就很难找到一个"最优抽样"的标准,更不可能奢求抽样得到的小样本能够精确反映整体的所有特征。

3. 基于统计规则的模式识别方法

在基于统计规则的模式识别方面,有学者通过统计分析某段时间内用户所关注信息点的记录,构建了互联网内容与舆情的热点/热度、重点/重度、焦点/焦度、敏点/敏度、频点/频度、拐点/拐度、难点/难度、疑点/疑度、黏点/黏度、散点/散度等10个分析模式和判据。

基于统计规则的模式识别方法具有有效性,但由于不同信息源的信息产生方式有较大差异,该方法适用于对特定对象进行定点监测,有一定的局限性。

4. 基于内容挖掘的主题监测方法

在基于内容挖掘的主题监测方面,流程有3步:信息提取,包括信息采集、结构化数据存储;信息预处理,包括信息过滤、词法分析、句法分析、概念分析;舆情分析,包括文本标识、主题发现、意见挖掘、倾向分析,主要进行话题识别。近年来浅层分析技术出现,相关研究开始关注网络舆情的情感倾向。这种方法的核心技术包括搜索引擎技术、信息组织技术、自然语言处理技术等。

基于内容挖掘的主题监测方法主要针对"显性"网络舆情大数据,从现有的实践来看,由于受限于当前语义分析技术的精确度和速率,语义支持的缺失仍然是普遍存在的问题。一些工具难以有效地处理复杂的人类语言和不断变化的网络语言,而且对大规模数据分析的支持较弱,仍然需要大量采用抽样分析和人工分析。

同时,市场上还出现了不少网络舆情监测分析软件,知名的有人民网舆情监测平台、拓尔思网络舆情监控系统、方正智思互联网舆情监控系统、邦富互联网舆情监控系统、军犬网络舆情监控系统等。以人民网舆情监测平台为例,网络舆情信息采集系统可对传统媒体网络版、新闻网站、论坛、博客等进行全天候定向抓取信息,还可利用百度、谷歌、奇虎等搜索引擎进行信息补充,并进行关键词、关注度、转载率等统计分析。但这些舆情监测系统擅长的是抓取新闻网页,在网络社区中,如 BBS、博客、微博、QQ 群、新闻跟帖等,其效果有效,网络社区中的舆情主要依靠人工分析。

7.3.4　网络舆情大数据分析方法

（1）网络舆情的大数据特征

大数据是指无法在一定时间内用常规软件工具进行抓取、管理和处理的数据集合,其在数据体量、复杂性和产生速度 3 个方面均大大超出了传统的数据形态,具有"4V"特征:规模性(Volume)、多样性(Variety)、变化快速性(Velocity)、价值(Value)。首先,通过对当前网络舆情状况的观察可以看出,互联网的开放性使数量庞大的网民和各种社会群体可以在网上方便快捷地发表观点,这使得网络舆情的数据量急速增长。其次,多媒体的发展使网络舆情的数据形态既有文本,又有图片、音频、视频等,呈现出多样性特征。最后,现代社会价值观念多元,各种观点交流交融交锋,舆论多元多样多变,网络舆情变化快速。各种因素共同作用,使得网络舆情数据越来越呈现出大数据特征。

（2）显性舆情和隐性舆情

当公共事务发生后,网民在浏览、搜索、互动的过程中会随时发表言论信息,这些信息直接呈现了网民的情绪、态度、意见,可以被称为"显性"网络舆情大数据。此外,还有一些数据并不是直接的网络舆情内容,但却从侧面客观地反映了网民的关注热点、舆情主体之间的关系等,可以被称为"隐性"网络舆情大数据。例如,网民在浏览相关信息时,网站服务器端的日志记录了浏览页面 URL 等数据,在搜索相关信息时,搜索引擎服务器端的日志记录了搜索关键词等数据,可以反映用户的浏览偏好和搜索热点。网络社区用户之间互相"加关注"成为"粉丝",服务器端记录的人际关系数据能够描述用户构成的社会化网络。用户之间互相转发和评论帖文所形成的转发量和评论量数据,可以反映帖文的重要程度。

在传统数据时代,我们分析舆情走势时,往往比较关注网民的言论,而忽视有多少人持此意见;往往重视解读文字内容,而忽视网民互动的社会关系网络。再者人工分析具有很强的定性化色彩,所以不少舆情分析报告经常使用"普遍表示赞成""不少网民认为""少数网民持反对态度"等定性化的语言,舆情分析的准确性难以进一步提高。

因此,要不断创新网络舆情大数据分析思路。一是绕开语义分析的技术瓶颈,开辟"隐性"舆情分析的"第二战线"。二是突破抽样分析的思维,用大数据方法分析收集到的全体数据。三是将搜索数据、点击数据、人际关系数据、网民个人特征数据、相关社会数据等关联起来进行分析,深度挖掘出有价值的舆情。四是主动进行网络民意调查,有针对性地收集标准化数据。具体有以下几种方法。

（1）基于网络日志数据挖掘的隐性舆情分析

当网民关注某公共事件而去浏览或搜索相关信息时,会在网站服务器端产生浏览日志或搜索日志。浏览日志中记录了网民 IP 地址、浏览时间、网页 URL 地址等数据,可以通过分析日志,统计某地区、某时间段内的浏览热点,许多网站推出的"舆情热点排行榜"

就是这方面的应用。搜索引擎后台的搜索日志记录了网民 IP 地址、搜索时间、搜索词、被点击的结果网页 URL 地址等数据。通过统计分析用户的搜索词及搜索频率，可以发现网民的关注点及其热度；对一段时间内与某个社会事件相关的搜索词进行词频统计，可以描述网民关注点的产生和变化过程。目前，一些搜索引擎公司已经研发了通过搜索日志挖掘并发现网络舆情的技术和应用。谷歌公司开发的"谷歌趋势"应用能统计某个关键词在一定时间段内某个地区被搜索的次数，将其与谷歌上随时间推移的搜索总量及当地的搜索总量相比较，得出该关键词的"相对搜索指数"，并将较长一段时间内的相对搜索指数描绘出来，以预测未来趋势。一个成功的应用是谷歌制作发布的全球 20 多个国家的"流感趋势"。设计人员编入一系列与"流感"相关的关键词，包括"流感""温度计""发烧""咳嗽"等。当用户输入这些关键词时，系统就认为可能与"流感"发病相关，继而跟踪分析并作出相对搜索量指数图。通过对以往指数的变化情况预测未来趋势，进而预报流感发病率。谷歌"流感趋势"在测试期间就表现出良好的预测效果，比美国疾病控制中心提前 7～10 天公布美国流感预报，且与官方公布的预报数据高度吻合，显示了基于搜索日志大数据进行预测的前瞻性和准确性。

（2）基于社会网络分析的舆情主体关系发现

中国工程院李国杰院士认为，"数据背后是网络，网络背后是人，研究网络数据实际上是研究人组成的社会网络"。互联网上不同主体间的互动形成很多社会化网络，以微博为例，用户之间互相关注、转帖、评论，假设用户乙关注了用户甲，则可以画一条由甲指向乙的有向边，表示甲发布的信息可以自动传递给乙。将所有用户之间互相关注的关系都画成有向边，整个微博舆论场就成为一个有向图，每个用户就是一个节点，每个"关注"就是一条有向边，所有人际关系数据最终全景展示了整个社会化网络。这些舆情主体间频繁联系、相互影响，在这个过程中涌现出一些威望和地位较高的舆论"意见领袖"，他们左右着其他主体的舆论方向，最终影响整个舆论场。同时，关注点相似的舆情主体间也自觉或不自觉地形成了一些联系相对紧密的子群体，在子群体中信息传播速度更快。要管理和引导网络舆情，就必须对网络舆情主体和舆论子群体进行研究，而社会网络分析方法就是有效的手段。

"社会网络"的概念由英国人类学家布朗于 20 世纪 30 年代在研究社会结构时首次提出，到 20 世纪 70 年代，社会网络分析方法在社会学、心理学、人类学、数学、信息学等领域逐步发展起来。目前，社会网络分析方法已成为研究现实社会网络和以互联网为基础的网络信息交流的重要工具，其中就包括了个体中心度分析和凝聚子群分析。

个体中心度是评价一个人在网络中重要性的指标，主要包括点度中心度和中间中心度。其中，点度中心度用来衡量谁是网络中的重要人物。如果一个人可以将信息发送给更多其他人，那么他在网络中就拥有较大的话语权。因此，一个点的点度中心度可以用该点在表示网络的有向图中的"出度"来衡量。中间中心度衡量一个人作为媒介者的能力，即在网络中控制其他人的能力。如果一个人处于许多其他两点之间的路径上，则认为他具有控制其他两个行动者之间交往的能力。因此，一个人的中间中心度越高，就有越多人需要通过他才能与其他人发生联系。凝聚子群分析主要揭示网络舆情形成者之间实际存在的或者潜在的关系,它们是否构成了相对较强的、直接的、紧密的或积极关系的小团体,这些小团体是否会成为促进舆情发展的核心群体。

根据舆情主体之间的"关注"数据,如果一个主体拥有的粉丝量越多,则他的信息能直接传递给其他人的可能性越大,他的点度中心度越高,他就越有可能成为"意见领袖"。如果一个主体连接的"意见领袖"的数量越多,则他越有可能成为传播信息的桥梁,他的中间中心度越高。还可以根据主体之间的相互关注数据,发现相互关注度高的子群体,他们之间信息的相互传播更便利。

根据舆情主体之间的发帖、转帖、评论数据,如果一个舆情主体的原创帖在一定时间内被转发和评论的数量越多,则他的点度中心度越高,那么他就是"意见领袖"。如果一个主体的转发帖在一定时间内被再次转发和评论的数量越多,则他的中间中心度就越高,那么他就是传播信息的桥梁。同时,还可以根据主体之间相互转帖、评论的数据,发现互动紧密的子群体,他们之间舆情互动的实际效果更加明显。

当前,已经有一些成熟的社会网络分析软件,可以很好地进行社会网络分析,并呈现出可视化的分析结果,对于发现网络"意见领袖"和子群体有很好的作用。

(3) 关联不同领域数据进行舆情分析

大数据的一个重要特征是数据的混杂性,因此我们不仅要接受多样化的数据,还要善于利用多样化的数据,将不同领域数据关联起来进行分析。

将用户职业数据、地域数据、年龄数据、专注领域数据等和社会网络数据结合起来,可以分析出不同的舆情热点在哪些职业、哪些地域、哪些年龄段、哪些团体中传播广泛,这对于有针对性地进行舆论引导意义重大。

将网站新闻数据、论坛数据、博客数据、微博数据等进行对比,可以分析出舆情热点在不同舆论场的传播速度和广度,从而掌握哪些舆论场更易于传播哪类舆情。还可以将舆情分析的数据与外部数据相联系,如将食品安全问题舆情数据与相关食品的销售数据相联系,就能反映出舆情对企业经营的巨大影响。将网络谣言传播数据与造成的社会后果数据相联系,可以反映谣言的巨大破坏力;辟谣的引导性舆论发布后,再动态监测相关社会数据,可以看出舆论引导的效果。

(4) 基于网络民意调查的舆情分析

政府要进行舆情分析,只被动接受网络舆情数据是远远不够的,还需要走出去,主动收集数据,了解全社会对某项政策的评价。

现代意义上的民意调查实践起源于 19 世纪美国对总统大选的预测,发展到今天已经延伸到对各类社会现象的调查,且方法成熟。21 世纪后,我国才开始重视民意调查。2003 年,中国人民大学进行了第一个全国性的大型社会调查项目"中国综合社会调查",将人们对社会热点事件和其他人群的看法作为调查内容。2006 年 9 月,我国才成立了第一个,也是目前唯一的国家级专门的民意调查机构——国家统计局社情民意调查中心。目前,我国互联网用户的人数位居全球第一,我国需要主动针对这些网民进行网络民意调查,准确地掌握舆情动向。

7.4 思 考 题

1. 什么是网络舆情？
2. 网络舆情具有哪些特点？
3. 讲一讲网络舆情管理的含义。
4. 列举网络舆情分析的常用方法。

第8章

网络空间安全实践

8.1 社会工程学

8.1.1 社会工程学概述

社会工程学是黑客米特尼克悔改后在《反欺骗的艺术》中所提出的,是一种通过对受害者心理弱点、本能反应、好奇心、信任、贪婪等心理陷阱进行诸如欺骗、伤害等危害的手段。那么,什么算是社会工程学呢?

在信息安全这个链条中,人的因素是最薄弱的一环节。社会工程就是利用人的薄弱点,通过欺骗手段而入侵计算机系统的一种攻击方法。组织可能采取了很周全的技术安全控制措施,如身份鉴别系统、防火墙、入侵检测、加密系统等,但员工无意当中通过电话或电子邮件泄露机密信息(如系统口令、IP 地址),或被非法人员欺骗而泄露了组织的机密信息,就可能对组织的信息安全造成严重损害。

社会工程学陷阱通常以交谈、欺骗、假冒或口语等方式,从合法用户中套取用户系统的秘密。熟练的社会工程师都是擅长进行信息收集的身体力行者。很多表面上看起来一点用都没有的信息会被这些人利用起来并进行渗透。如一个电话号码、一个人的名字或者工作的 ID 号码,都可能会被社会工程师所利用。这意味着如果没有把"人"这个因素放进企业安全管理策略中去,将会构成一个很大的安全"裂缝"。

它并不能等同于一般的欺骗手法,社会工程学尤其复杂,即使自认为最警惕、最小心的人,一样会被高明的社会工程学手段损害利益。社会工程学是一种与普通的欺骗和诈骗不同层次的手法。因为社会工程学需要搜集大量的信息,针对对方的实际情况,进行心理战术的一种手法。系统以及程序所带来的安全往往是可以避免的。而在人性以及心理的方面来说,社会工程学往往利用人性脆弱点、贪婪等的心理表现进行攻击,是防不胜防的。借此我们从现有的社会工程学攻击的手法来进行分析,借用分析来提高我们对于社会工程学的一些防范。社会工程学是一种黑客攻击方法,利用欺骗等手段骗取对方信任,获取机密情报。国内的社会工程学通常和人肉搜索联系起来,但实际上人肉搜索并不等于社会工程学。总体上来说,社会工程学就是使人们顺从攻击者的意愿、满足攻击者的欲望的一门艺术与学问。它并不单纯是一种控制意志的途径,它不能帮助攻击者掌握人们在非正常意识以外的行为,且学习与运用这门学问一点也不容易。它同样也蕴涵了各式各样的灵活的构思与变化着的因素。

8.1.2　社会工程学的特点

社会工程学是一种针对受害者的心理弱点、本能反应、好奇心、信任、贪婪等心理陷阱,实施诸如欺骗、伤害等危害的方法。社会工程学攻击是一种利用以上这些心理弱点获取系统口令、关键安全信息、金钱利益的攻击方法。社会工程学的载体是网络,进攻的途径即为利用人的心理弱点,其应用效果及频度与网络发达程度正相关。美国心理学家斯坦利·米尔格兰姆(Stanley Milgram)提出的六度分割理论是社会工程学应用的主要理论依据,该理论认为世界上任意两人之间最多只需经手 6 个人便能建立联系。近 50 年来,随着网络与社交平台的快速发展,这一数值正在逐渐下降,全球最大社交网站 Facebook 2011 年年底的报告指出,这个数值已经降到 5 人以下,表明陌生人之间的联系存在且能够找到,所以充分挖掘及利用这些联系成为社会工程学的重要依据与方法。社会工程学以网络为载体,利用人与人、人与信息之间的关系去解决问题,其具有如下特征。

① 综合集成。社会工程学以心理学、社会学等多种学科为基础,强调学科间理论的综合作用。

② 信息拓扑。根据网络中的信息碎片与人的活动痕迹进行分析推理,再将结果与其他信息关联,逐渐获得完整清晰的信息拓扑结构。

③ 手段隐蔽。入侵者采用社会工程学攻击时为规避风险总会采用各种手段藏匿自己的痕迹,导致受害者意识滞后或毫无意识。

④ 复杂关联。社会工程学攻击往往从零散信息切入,经过分析与整合之后了解用户的行为与事件,再去挖掘潜在的有用信息。

⑤ 欺骗性。社会工程学的进攻实施中常常有显在的主观欺骗因素,去影响被害人的行为。

8.1.3　社会工程学常见案例

1. 通过某用户 github 得到数据库配置文件

由于隐私保护的必要,下面称被攻击者为 bili。4 月的时候,bili 应聘我当时所在公司的 J2EE 开发工程师,我没写过 J2EE,担心面试他的时候被“喷”,于是根据 bili 简历上的 github 地址查看他的代码,首先看他的项目,bili 是个很会赚钱的人,在工作的时候还接外包项目,数据库里有他目前所在公司的后台代码,也有外包项目的代码,两个数据库的账号和密码都是明文显示的,但是公司使用的是内网数据库,不对外网公开,我也没继续深入了。然后我连接了外包项目的数据库,外包项目运营的时间不长,才开始几天,没什么用户。接着我看了数据库结构,密码都是明文保存的,其中有他的测试账号,密码是 3.141592,一般人的密码没有几个,尝试用这个登录他的邮箱(github 里有),结果登录上了,以前的公司主要通过邮件进行交流,于是我知道了开发进度、水平、管理能力等信息,然后我在草稿箱里发现了一个草稿,看名字就知道全是“宝”——各种密码,然后我看了他的京东和豆瓣的历史记录,该了解的都了解了,虽然他对两性生活有点不羁,但是技术水平和领导能力都是有的,于是我很有底气地去面试了。

2. 通过 github 通配搜索得到某 B 轮电商网站源代码

这是家专做游戏主播外卖店的电商,使用 github 通配搜索 www. *.cn 获得很多因为某颗"耗子屎"把公司代码传到外网的代码,其中看到一家前不久看的直播上的外卖店的域名,网站是用 php 写的,浏览一遍代码,架构得很不错,有心的人如果拿去随便改改样式就可以分羹了。我发现问题后并没有报告给乌云,因为这确实算不上是漏洞,直接在微博上给 CEO 私信了,两小时后仓库就没了。

3. 通过校园卡获取信息

出于隐私保护,被攻击者化名"小语"。小语是外语学院大三的学生,长得特别漂亮。一次在食堂遇到她,攻击者便心生搭讪的想法。某一次,攻击者在食堂尾随小语,并在小语刷卡后在同一刷卡机上刷卡消费。攻击者回到寝室,捕获到一台存有校园卡消费信息的内网肉鸡,根据小语的刷卡信息获取到她的照片、名字、身份证号码等数据。接着,攻击者通过这些信息进一步搜索,获取小语的学校信息、班级信息以及各类爱好信息等。之后,攻击者通过冒用身份加入班级大群得到她的 qq 号,并开始和小语作为好友进行交流。

8.1.4　社会工程学攻击的主要手段

1. 伪装欺骗

伪装欺骗往往有两种形式,一是信息伪装,二是身份伪装。信息伪装即通常利用电话录音、网络病毒、欺骗性的电子邮件和伪造的 Web 站点来进行诈骗的活动。其中"网络钓鱼攻击"(Phising Attack)最为常见。近些年出现了多起银行、交易平台等主页被恶意网站假冒并进行诈骗钱财的事件,受骗者往往没有识别出这些伪装过的网站,继而泄露自己的信用卡号、账户和口令等重要内容。身份伪装是社会工程学入侵中一项极其重要的工作,以便攻击者能够在与被攻击者接触时减少其疑虑、博得好感、增强信任,最终使被攻击者透露更多他想要的信息。

2. 引诱欺骗

引诱欺骗是利用计算机用户寻求便利、知识匮乏、侥幸贪婪等心理弱点,诱使其主动地打开邮件、网站或下载程序,执行危险操作。例如,一些攻击者冒充某技术公司向用户主动提供技术支持,当用户回复了这样的邮件或点击了邮件中的"免费服务"链接时,便使攻击者与用户的计算机系统建立了互动,攻击者一步步地在用户的计算机系统中争取到更大的权限。

3. 说服与服从

说服是为了增强被攻击者主动完成所指派的任务的顺从意识,从而使攻击者被充分信任并获得所需信息,为其下一步的攻击提供条件。例如,某企业内部人员对公司心存不满,甚至有了报复心理时,他就很容易成为攻击者的帮手,被攻击者说服主动帮助其获取信息或资料。而服从对于上下级关系严苛的群体成员来说,更为有效,攻击者常常冒充上级下达指令,使被攻击者无条件地执行。

4. 恭维

恭维利用的是大多数人爱听好话的虚荣心理,进而实施欺骗。攻击者往往态度友善、说话得体,常常会不失时机而又自然而然地恭维他人。当被害人正自我感觉良好时,就会降低防范,表现得较为友好,并愿意与攻击者合作。

5. 恐吓

大部分计算机使用者对系统漏洞、病毒等内容比较排斥和敏感,会害怕和担心自己的系统出现问题。当攻击者以权威机构的面目出现，针对被攻击者的系统安全问题进行恐吓欺骗时，被攻击者出于自我保护很快会被诱骗成功，按照攻击者的要求逐步操作，最终导致安全防御被攻破。

8.1.5 社会工程学攻击的心理机制分析

引发人行为的因素多种多样，人也有规避风险的心理。但是社会工程学攻击的驱动力却恰恰利用人们心理的一些普遍规律和机制，从而达到了窃取信息、危害安全的目的。

1. 神经语言程序

神经语言程序(Neuro-Linguistic Programming，NLP)是关于人类语言与沟通程序的一套模式。这种理论认为人们思维及行为上的习惯，就如同计算机中的程序，可以通过更新软件的方式实现其改变。在利用社会工程学进行攻击的过程中，攻击者通过自我控制神经系统达到影响被攻击者的目的。如前文所述，经常使用的社会工程学方法就是伪装欺骗，例如，通过行为、语言等方面的伪装冒充行业内部的人员，那么人们会很自然地相信那些熟悉公司内部业务流程和专业用语的人，NLP把这种技法称之为模仿。如果在行为上的模仿无误，别人便不会对他产生怀疑，接下来再提出进一步请求，如询问口令或讨论重要情报。

2. 虚假同感偏差

虚假同感偏差(False Consensus Bias)指人们常常高估或夸大自己的信念、判断及行为的普遍性——即每个人都觉得别人和自己想的一样，但有时事实上却并非如此。例如，某黑客破坏了一个网络系统并引起一些故障，然后宣称他是来进行技术帮助的，人们往往在出现故障无从解决的情况下，会坚定地相信这名黑客是来提供帮助的，而不会进行更多怀疑，在这种情况下黑客就轻而易举得到了他想窃取的资料和信息。

3. 从众心理反应

从众心理是指个人的观念和行为受到外界群体的影响，而与多数人趋于一致的现象。从众的内在心理原因是害怕自己做错或害怕自己被群体排斥，正是这种心理，人们会选择和大家一样的行为来减少自己内心的不安和焦虑。例如，在运用社会工程学攻击时，隐蔽的黑客单独告诉一个攻击对象其他人都已经按自己的要求提供了信息，那么这个被攻击者就会轻而易举地选择和大家一样的行为，向黑客泄露重要的信息或情报。

4. 服从理论

服从是人由于外在强制力或他人影响而做出的遵照、顺从行为。社会工程学攻击最常利用的就是对权威的服从，有时这种服从会超越规则的约束，甚至道德的判断。例如，在黑客利用电子邮件进行诱骗时，常常把发件人篡改为被攻击者的权威上司或是上级授权人员，让收件人笃信权威，掉入陷阱。

5. 刻板效应影响

刻板印象指人们常常对某个社会群体形成的一种概括而固定的看法。刻板印象是固化的，很难随着环境的改变而改变。例如，人们看到微软公司的制服和工作证，会坚信他是规范的、专业的和安全的，因此，会放松警惕，丝毫不会产生怀疑。社会工程学攻击的手段看似并不复杂，但是它的攻击效果却很明显，目前，人们还没有完善的技术防御手段，难以控制掌握信息和设备的"人"的因素，但是人们若能了解其实施的心理原理和机制，有针对性地进行防范和教育，就会最大限度地减少安全隐患和各类损失。

8.2　网络安全心理学

在网络安全攻防技术高速发展的今天,人们往往把技术放在网络安全防护的第一位,而忘记了用户本身才是最大的安全漏洞。人们热衷于讨论 NSA 的黑客部队的高精尖攻击技术,但是忘记了 NSA 的合同工斯诺登只用一行最普通的 wget 下载命令就把 NSA 的机密文档翻了个底朝天。

企业面临的来自人的威胁主要有两种,一种是斯诺登这种具有很高安全意识和技术的"内鬼",另一种则是另外一个极端,那就是缺乏安全意识"痛觉"的大多数员工。事实上,后者的危害一点也不比前者小。

网络安全心理学告诉我们,要培养普通用户的安全意识(如不去点击恶意链接或者邮件附件)是非常困难的,如果不能深入了解用户上网行为心理和上下文情景,就不可能对症下药,给出真正有效的安全意识提升方案。这方面 Google 的 A/B 测试小组进行的研究非常有趣,Google 发现在现实生活中有效的规劝方式在网上完全不适用,甚至得出相反的结果。

以下内容来自 cnBeta 的报道,原文标题为《谷歌试错项目:提醒人们注意网络安全有多难》:

摘要:一个惊人的数字告诉我们,有 98% 的人在点完一个弹出窗口后,如果还有弹出窗口出现,他们就会认为这个警告有问题。在谷歌的背后,人类心理学专家一直都在试图解决网络上最大的安全漏洞,那就是:上网的人。

各种复杂高超的黑客攻击,经常都不如用户的一次轻率的点击风险大。解决方案似乎很容易,告诉用户不要点击就是了。但是对于谷歌来说,这里面有一个微妙的平衡问题。如果直接用鲜明直接的警告,用户可能会转向其他的邮件提供商和搜索引擎,而这对于谷歌来说可不是小事。要知道,该公司一年 600 亿美元的收入就取决于人们使用谷歌的时间。

在谷歌众多的实验试错项目里有一个小组,这个小组的研究项目叫做"劝服技术",意思是用温和的方法来改变人们的行为。该小组的研究难点在于,在现实生活中可以行得通的规劝方法,在网上不适用,结果往往与所预期的不一样。

例如,在现实世界中,当人们觉得有人在看着他们时,便会改变自己的行为。但这在网上并不适用。例如,在浏览器中显示警察的图像,或是用其他警告信息提醒人们某网站可能有危险时,其结果竟然是鼓励了更多的人访问这个网站。不过研究小组目前并未放弃努力,毕竟警告信息还是能够唤起人们的注意,使他们在点击危险网站时会多考虑一下。

另一个方法是不断地用弹出窗口提醒人们,将要浏览的网页是危险的。可是一个惊人的数字告诉我们,有 98% 的人在点完一个弹出窗口后,如果还有弹出窗口出现,他们就会认为这个警告有问题。因此,对于弹出窗口来说,最好只弹出一次,并注明危险性就够了。

毫无疑问,人们如果不明白安全警告的意思,自然就不会对其做出响应。谷歌曾考虑过用简单的标识来鼓励人们使用双因子认证,或是用手机短信验证码来增加安全性。但全世界各个国家使用的警告标识并不通用,该方法同样被搁置。

还有一个临时的解决方案是利用他人影响,例如,在警告信息中告诉打算点击可疑链接的用户,有80%的用户没有这样做。这种解决方案的理论基础是,当人们并不确定采取什么样的行为时,倾向于效仿别人是怎么做的。但这样做有一个问题,就是当这个数字不利于警告信息的时候,如10%,该怎么办?

当然,不管是在谷歌还是在其他地方,任何发明都是需要试错的,需要人们付出辛苦和努力,付出时间和智慧,才能最终获得成功。

8.3 网络空间安全实战案例

网络空间安全比赛的类型主要分为对抗赛、作品赛、数据赛,本节主要介绍CTF竞赛形式,参考CTFWIKI。

8.3.1 网络空间对抗赛介绍

1. CTF竞赛的历史

对抗赛的主要形式即为CTF(Capture The Flag,夺旗赛),CTF的前身是传统黑客之间网络技术比拼的游戏,起源于1996年第四届DEFCON。根据CTFTIME的数据,2015年国际性CTF赛事有78场,除DEFCON CTF外,还有美国的PlaidCTF、iCTF、BostonKeyParty,德国的XXC3CTF,卢森堡的Hack.Lu,俄罗斯的RuCTFe、PHDCTF,韩国的CodeGateCTF,中国台湾的HITCONCTF,等等。

最开始的CTF比赛(1996—2001年)没有明确的比赛规则,没有专业搭建的比赛平台与环境,由参赛队伍各自准备比赛目标(自己准备的比赛目标自己防守,并要尝试攻破对方提供的比赛目标)。而组织者大都只是一些非专业的志愿者,需要根据参赛队伍的描述手动计分。没有后台自动系统支持和裁判技术能力认定,计分延迟和误差以及不可靠的网络和不当的配置,导致比赛带来了极大的争论与不满。

现代CTF竞赛由专业队伍承担比赛平台、命题、赛事组织以及自动化积分系统。参赛队伍需提交参赛申请,由DEFCON会议组织者们进行评选。就LegitBS组织的三年一次DEFCON CTF比赛而言,有以下突出特点。

- 比赛侧重于计算机底层和系统安全核心能力,Web漏洞攻防技巧完全不受重视。
- 竞赛环境趋向多CPU指令架构集,多操作系统,多编程语言。
- 采用"零和"计分规则。

团队综合能力考验:逆向分析、漏洞挖掘、漏洞利用、漏洞修补加固、网络流量分析、系统安全运维以及面向安全的编程调试。

2. CTF竞赛模式简介

(1) 解题模式——Jeopardy

解题模式常见于线上选拔比赛。在解题模式CTF赛制中,参赛队伍可以通过互联网或者现场网络参与,参数队伍通过在线环境交互或文件离线分析,解决网络安全技术挑战并获取相应分值,与ACM编程竞赛、信息学奥赛比较类似,根据总分和时间来排名。不同的是解题模式一般会设置一血、二血、三血,也即最先完成的前3支队伍会获得额外分值,所以这不仅是对首先解出题目的队伍的分值鼓励,也是一种团队能力的间接体现。当然还有一种流行的计分规则是设置每道题目的初始分数后,根据该题的成功解答队伍数,来逐渐降低该题的分值,也就是说解答这道题的人数越多,那么这道题的分值就越低。最后会下降到一个保底分值,便不再下降。题目类型主要包含 Web 网络攻防、RE 逆向工程、Pwn 二进制漏洞利用、Crypto 密码攻击、Mobile 移动安全以及 Misc 安全杂项这 6 个类别。

（2）战争分享模式——Belluminar

在 2016 年的世界黑客大师挑战赛(WCTF),国内首次引入韩国 POCSECURITY 团队开创的 Belluminar CTF(战争与分享)赛制,从此国内陆陆续续开始 Belluminar 模式的比赛。

如官网这样介绍(Belluminar 赛制的介绍官网:http://belluminar.org/):Belluminar CTF 赛制由受邀参赛队伍相互出题挑战,并在比赛结束后就赛题的出题思路、学习过程以及解题思路等进行分享。战队评分依据出题得分、解题得分和分享得分进行综合评价,并得出最终的排名。

首先各个受邀参赛队伍都必须在正式比赛前出题,题量为 2 道。参赛队伍将有 12 周的时间准备题目。出题积分占总分的 30%。为使比赛题目类型比较均衡,参赛队伍以抽签的方式抽取自己的题,这要求队伍能力水平较为全面,因此为了不失平衡性,会将两道 Challenge(挑战题)计入不同分值(如要求其中一道 Challenge 分值为 200,而另外一道分值则为 100)。

题目提交截止之前,各个队伍需要提交完整的出题文档以及解题 Writeup,要求出题文档中详细标明题目分值、题面、出题负责人、考查知识点列表以及题目源码。而解题 Writeup 中则需要包含操作环境、完整解题过程、解题代码。题目提交之后主办方会对题目和解题代码进行测试,期间出现问题则需要该题负责人配合解决。最终将其部署到比赛平台上。

进入比赛后,各支队伍可以看到所有其他团队出的题目并发起挑战,但是不能解答本队出的题目,不设置 FirstBlood 奖励,根据解题积分进行排名。解题积分占总分的 60%。

比赛结束后,队伍休息,并准备制作分享 PPT(也可以在出题阶段准备好)。分享会时,各队派 2 名队员上台进行出题、解题思路,学习过程以及考查知识点等的分享。在演示结束后进入互动讨论环节,解说代表需要回答评委和其他选手提出的问题。解说没有太严格的时间限制,但是时间用量是评分的一个标准。

出题积分(占总分的 30%)有 50% 由评委根据题目提交的详细程度、完整质量、提交时间等进行评分,另外 50% 则根据比赛结束后最终解题情况进行评分。计分公式示例:$Score = MaxScore - |N - Expect\_N|$。这里 N 是指解出该题的队伍数量,而 $Expect\_N$ 则是这道题预期应该解出的队伍数量。只有当题目难度适中时,解题队伍数量则越接近预期数量 $Expect\_N$,则这道题的出题队伍得到的出题积分越高。解题积分(占总积分的 60%)在计算时不考虑 FirstBlood 奖励。分享积分(占总分的 10%)由评委和其他队伍根据其技术分享内容进行评分(考虑分享时间以及其他限制),通过计算这些评分的平均值得出。

赛制中将 Challenge 的出题交由受邀战队,让战队能尽自己所能互相出题,比赛难度和范围不会被主办方水平限制,同时也能提高 Challenge 的质量,让每个战队都能有不一样的体验与提升。在"分享"环节,对本队题目进行讲解的同时,也能深化自己的能力水平,讨论回答的过程是一种思维互动的环节。在赛后的学习总结中能得到更好的认知。

（3）攻防模式——Attack&Defense

攻防模式常见于线下决赛。在攻防模式中，参赛队伍在网络空间互相进行攻击和防守，通过挖掘网络服务漏洞并攻击对手服务来得分，还可以通过修补自身服务漏洞并进行防御来得分（当然有的比赛在防御上不设置得分，防御只能避免丢分）。攻防模式CTF赛制可以实时通过得分反映出比赛情况，最终也以得分直接分出胜负，是一种竞争激烈，具有很强观赏性和高度透明性的网络安全赛制。在这种赛制中，不仅仅是比参赛队员的智力和技术，也比体力（因为比赛一般都会持续48小时及以上），同时也比团队之间的分工配合。

一般比赛的具体环境会在开赛前约半小时由比赛主办方给出（是一份几页的小文档）。在这半小时内，参赛队伍需要根据主办方提供的文档熟悉环境并做好防御。首先需要接入比赛环境，主办方会提供网络与网线接口转换器。文档上会提供网络连接需要填写的IP地址、网关、掩码、DNS服务器地址，用于连接网络。文档上会明确给出参赛队伍所在IP网段、比赛答题平台、己方Gamebox的IP地址、登录用户名和密码以及敌方Gamebox所在IP网段。文档上一般都会有比赛环境的网络拓扑图（如图8-1所示），每支队伍会维护若干的Gamebox（己方服务器），Gamebox上部署有存在漏洞的服务。参赛队伍使用文档提供的用户名和密码登录比赛答题平台和Gamebox。

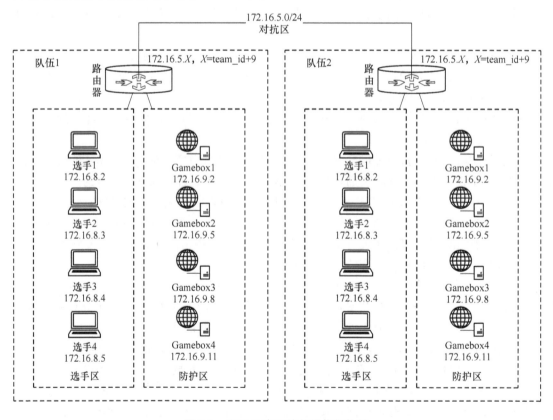

图 8-1　CTF 比赛环境的网络拓扑图

在比赛开始前半个小时内是无法进行攻击的，各支队伍都会抓紧时间熟悉比赛网络环境，并做好防御准备。至于敌方Gamebox的IP地址，则需要靠参赛队伍自己在给出网段中发现。比赛过程中，一般每轮是3～5分钟时间。参赛队伍需要写脚本并自动提交（手动提交也行)到答题平台上。每支队伍都会有一定的初始得分(一般初始得分相同,如果赛前会相应考核,那么会根据赛前考核成绩设置攻防赛的初始得分)。Gamebox 的状态分为 3 种:正常、攻陷、不可用。Gamebox 中的 flag 会每轮进行刷新。

比赛过程中有裁判系统,每轮都会进行评定。

- 如果一轮过去,Gamebox 表现正常,那么裁判系统会根据本轮未被攻陷的 Gamebox 情况给予防御得分。
- 如果防御过于严格,无法通过裁判系统的漏洞服务可用性判定,该轮会被裁判系统认定为该 Gamebox 不可用(视为宕机)。本轮直接失分。
- 如果 Gamebox 被攻陷(有队伍提交了其他队伍 Gamebox 上随机生成的 flag),那么裁判系统会给予该队攻击得分。
- 一轮下来,所有成功贡献该 Gamebox 的参赛队伍将得分进行平均。

如果分为上午、下午两场攻防赛,那么上午和下午的 Gamebox 漏洞服务会更换(避免比赛中途休息时选手交流),但管理时要用的 IP 地址不会改变。

3. CTF 竞赛内容

CTF 的考题范围其实比较宽广,目前没有太明确的规定界限说会考哪些内容。但是就目前的比赛题型而言,主要还是依据常见的 Web 网络攻防、RE 逆向工程、Pwn 二进制漏洞利用、Crypto 密码攻击、Mobile 移动安全以及 Misc 安全杂项来进行分类。

(1) Web 网络攻防

Web 网络攻防主要介绍了 Web 安全中常见的漏洞,如 SQL 注入、XSS、CSRF、文件包含、文件上传、代码审计、PHP 弱类型等 Web 安全中常见的题型及解题思路。

(2) RE 逆向工程

RE 逆向工程主要介绍了逆向工程中的常见题型、工具平台、解题思路,进阶部分介绍了逆向工程中常见的软件保护、反编译、反调试、加壳和脱壳技术。

(3) Pwn 二进制漏洞利用

Pwn 题目主要考查二进制漏洞的发掘和利用,需要对计算机操作系统底层有一定的了解。在 CTF 竞赛中,Pwn 题目主要出现在 Linux 平台上。

(4) Crypto 密码攻击

Crypto 密码攻击主要包括古典密码学和现代密码学两部分内容,古典密码学趣味性强,种类繁多,现代密码学安全性高,对算法理解的要求较高。

(5) Mobile 移动安全

Mobile 移动安全主要介绍了安卓逆向中的常用工具和主要题型,安卓逆向常常需要一定的安卓开发知识,iOS 逆向题目在 CTF 竞赛中较少出现,因此不做过多介绍。

(6) Misc 安全杂项

Misc 安全杂项以诸葛建伟和梁智溢翻译的《线上幽灵:世界头号黑客米特尼克自传》和一些典型 Misc 题为切入点,内容主要包括信息搜集、编码分析、取证分析、隐写分析等。

8.3.2　网络空间作品赛介绍

以全国大学生信息安全竞赛和全国密码技术竞赛为代表的作品赛是一种有代表性的信息安全竞赛形式,这类竞赛以设计应用作品为重点,考查选手的创新、开发与安全结合能力。

1. 全国大学生信息安全竞赛

该竞赛以信息安全技术与应用设计为主要内容,可涉及密码算法、安全芯片、防火墙、入侵检测系统、电子商务与电子政务系统安全、VPN、计算机病毒防护等,但不限于以上内容。

参赛作品要体现一定的创新性和实用性。参赛作品可以是软件、硬件等。参赛作品以信息安全技术与应用设计为主要内容,该竞赛范围定为系统安全、应用安全(内容安全)、网络安全、数据安全和安全检测五大类。结合作品的实际需求,建议推广使用国产密码技术。参赛队自主命题,自主设计。该竞赛采用开放式,不限定竞赛场所,参赛队利用课余时间,在规定时间内完成作品的设计、调试及设计文档撰写。所有参赛题目须得到组委会认可,并同意后方能参赛。如果参赛队伍所报题目及内容违反赛事精神和章程,组委会有权要求参赛队伍进行修改。该竞赛只接受防御性的题目,不接受任何具有攻击性质或与国家有关法律、法规相违背的题目。

2. 全国密码技术竞赛

全国密码技术竞赛创办于 2015 年,旨在"提高密码意识,普及密码知识,实践密码技术,发现密码人才",主要面向全国高等院校学生,目前已连续举办了 3 届。竞赛得到国家密码管理局指导,是国内级别最高、影响力最大的密码技术大赛,吸引着越来越多的国内高校团队报名参赛。

8.4　思　考　题

1. 简述你对社会工程学的理解。
2. 社会工程学的特点有哪些?
3. 社会工程学有哪些主要的攻击手段?
4. 列举几个网络安全相关竞赛。

第9章

网络空间安全治理

随着网络空间安全技术突飞猛进的发展以及网络空间安全危机事件的不断突发,网络空间安全治理问题正日益引起国际社会的高度关注和重视。本章将介绍网络空间安全治理的概念、面临的挑战、取得的成绩以及我国在网络空间安全治理方面的理念、战略规划、法律法规、国际合作开展情况等。

9.1 网络空间安全治理概述

9.1.1 网络空间安全治理的定义

网络空间安全治理是指国家、政府、国际组织、企业机构以及技术专家,为了确定网络空间安全技术标准,分配网络空间资源利益,应对网络空间安全事件,应对网络空间意识形态发展等,所采取的制定战略规划、政策法规、文件规则以及争端解决办法等诸多方式的总和,是在网络空间危机不断增加、矛盾不断激化的背景下对网络空间中的军事、政治、经济、文化、国际关系、社会事务等的治理,是使各方利益得以调和并联合采取行动的持续、发展的过程。

网络空间安全治理有以下5个特征:

① 网络空间安全治理不是一套规则条例,也不是一种活动,而是一个过程;

② 网络空间安全治理并不是一种正式制度,而是一种持续和发展的相互作用;

③ 网络空间安全治理同时涉及网络空间中的公、私部门和个人;

④ 网络空间安全治理的建立不是以支配和利用为基础,而是以协作和调和为基础;

⑤ 网络空间安全治理的方向并非是纯粹自上而下的,而是多方向多维度的。

网络空间安全治理是对网络空间进行规范的过程,其已经得到全球各国、国际组织、企业机构和专家的重视。

9.1.2 网络空间安全治理的意义和重要性

随着网络空间技术的迅猛发展,网络空间在推动全球政治、经济、文化和社会发展的同时,也给国家安全和社会稳定不断带来新的威胁和挑战。网络空间安全治理的重要性也随之日益凸显。

1. 从确定网络空间安全技术和资源利益分配角度

从确定网络空间安全技术和资源利益分配角度来看,发达国家因先期发展的优势,已在网络空间技术方面拥有了主动权,并在日益加强控制网络空间关键资源和规则制定权;而广大发展中国家因历史、经济发展和技术条件等因素的限制,网络空间技术长期处于落后地位,发展中国家长期处于边缘和被动地位。网络空间安全的治理,是平衡网络空间资源利益分配的过程,是公平公正开展国际合作的基础,具有非常重要的意义。

2. 从网络空间安全攻击事件角度

从网络空间安全攻击事件角度来看,在频繁遭遇网络空间威胁和攻击之后,网络空间安全治理问题在国家安全和国际关系中备受重视。目前很多国家在保障网络空间安全方面的重视程度甚至会赶超传统军事力量,因为破坏网络空间的后果很有可能比破坏现实空间的后果更加严重。根据对国家安全和社会稳定造成的威胁和破坏程度,网络空间攻击行为分以下 4 种:黑客攻击、有组织的网络犯罪、网络空间恐怖主义以及国家支持的网络战。一般来说其威胁和破坏程度是逐级递增的。无论是哪一种网络空间安全的威胁和破坏,其危害都是不可低估的,因此网络空间安全治理的重要性不言而喻。

3. 从网络空间意识形态角度

从网络空间意识形态角度来看,相对于网络空间安全技术标准的确定、网络空间攻击和威胁的防范,网络空间意识形态和文化的渗透是潜移默化并难以提防的。网络空间意识形态对所有主权国家的主流意识形态的安全产生了前所未有的挑战和威胁,在治理不当的情况下很有可能对国家主流意识形态进行解构和重构,这是所有主权国家必须面临的严峻问题。

在网络空间技术急速发展的现在,网络空间安全治理的重要性得到全球各国及国际组织等的重视,但是网络空间安全治理仍然面临着艰巨挑战和重重考验。

9.1.3 网络空间安全治理面临艰巨的挑战

纵观全球,由于网络空间发展不均衡,网络空间攻击和防护技术发展不对等,以及国际上网络空间安全治理根本理念的不同,在应对层出不穷、花样百出的网络空间安全问题时,网络空间安全治理所面对的挑战和困难是不容小觑的。

1. 网络空间攻击技术和防护技术发展不对等

与现实的物理空间冲突相比,网络空间冲突具有行为体多元化、潜伏时间长、进攻手段多样且技术更新快速、冲突后果不可预知等新特点,这导致网络空间安全治理面临认知分歧严重、难以规范、威慑无效、难以防范等现实挑战。网络空间攻击技术的更新换代和层出不穷导致网络空间危机四伏,而网络空间防护技术在开发和使用成本过高、对抗目标无法明确等困难的面前,始终远远落后于网络空间攻击技术。虽然大力发展网络空间防护技术已经提升到国家和国际合作重视层面的高度,但其进步和成效对人们来说还是任重而道远的。

2. 网络空间安全治理模式难以达成共识

网络空间安全究竟应该由谁来治理?究竟应该如何治理?在网络空间安全治理模式方面达成共识是开展深度国际合作的基础,不同国家先后提出了以政府为主导的多边治理模式、以政府和私营企业与市民社会等多元利益相关方共同治理的模式、从网络治理子议题入手的复合治理模式等多种不同的治理模式,以及这些治理模式衍生出的各种混合的治理模式,因此不同国家的网络空间安全治理模式五花八门,目前关于网络空间安全治理模式之间的争议,国际社会尚未达成共识。如此看来,如何提出并完善适用性强、治理效果显著、可以促进深度国际合作的网络空间安全治理模式,是网络空间安全治理的一大难题。

3. 网络空间安全治理规则不健全、不统一

总体看来,网络空间安全治理规则的制定还处于初始阶段,从国际和国家的各层面上看,都尚未建立形成健全和统一的治理规则。目前,网络空间安全治理规则的制定不仅始终远远滞后于网络空间技术的发展,而且由于各国和区域治理规则的不同,在国际上导致诸多分歧和矛盾。目前全球各国对网络空间的依赖如此深厚,如何及时建立健全有效、统一的网络空间安全治理规则体系,是网络空间安全治理面临的一大挑战。

4. 平等的全球深度合作难以开展

网络空间安全事关全球各国的国家安全稳定及经济秩序稳定,直接影响政治、经济、文化、社会、军事等各个领域的安全问题,任何国家都无法置身事外,维护网络空间安全是国际社会的共同责任,开展全球深度合作是网络空间安全治理的必要手段,但是如何有效开展网络空间安全治理方面的全球深度国际合作却是非常棘手的问题。首先,以美国为首的西方发达国家所谓的“网络空间自由及保护网络空间个人的理念”和新兴国家、发展中国家所支持的“坚决维护网络空间国家主权”背道而驰,双方的分歧无法消除。其次,发达国家因先期发展优势,已在网络空间技术方面拥有了主动权,并在日益加强控制网络空间关键资源和规则制定权;而广大发展中国家因历史、经济发展和技术条件等因素的限制,网络空间技术长期处于落后地位,这意味着广大发展中国家仍将长期处于边缘和被动地位,而网络空间安全治理的合作难以平等开展。因此,如何深度开展平等的全球合作是亟待解决的一大难题。

9.2　国际网络空间安全治理取得的成绩

虽然网络空间安全治理面临着艰巨的困难和挑战,但困难和挑战不能阻挡社会的进步和发展,全球网络空间安全治理在不断探索和摸索中取得了很多阶段性成果,产生了许多值得广泛借鉴的经验,同时很多国家在网络空间安全治理方面具有鲜明特色。

9.2.1　具有借鉴意义的国家举措

西方发达国家总体来看在网络空间发展方面较为先进,取得了不少阶段性成果,为其他国家提供很多宝贵经验:

① 国家颁布关于网络空间安全的战略和规划,将网络空间安全治理问题提升到国家战略级别;

② 全面完善网络空间安全立法,明确网络空间主体的权利和义务、网络犯罪行为的规制手段等;

③ 大力促进网络空间安全相关技术的发展,促进网络空间安全防御系统的研发和使用;

④ 努力发挥行业自律作用,大力开展政企合作,建立并完善网络空间安全治理的组织机构体系;

⑤ 加强国际沟通和合作;

⑥ 培养网络空间安全专业技术人才和军事人才;

⑦ 在全民中大力开展网络空间安全教育和宣传。

9.2.2 不同国家在网络空间安全治理方面的特色

世界各国对网络空间安全治理的重视程度不断增加,不同的国家在网络空间安全治理方面的理念和政府行为各有特色,下面以美国、英国、俄罗斯、韩国、以色列为例,详细进行介绍。

1. 美国在网络空间安全治理方面的特色

作为互联网的发源地,美国不仅在国际上谋求网络空间的主导地位,在网络空间安全治理方面也长期处于领先地位,缔造了"多利益攸关方"网络治理体系。几十年来,美国把网络空间安全治理放在国家战略级别,同时逐步建立起了纵横交错的网络空间安全治理法律体系,完整覆盖了针对网络基础设施保护、网络泄密与数据保密、网络恐怖主义、网络色情、网络欺诈、网络知识产权保护等系列网络空间信息及行为的规制问题。此外,美国还实行网络空间安全审查制度,对国家安全系统中采购的信息产品和服务、为联邦政府提供云计算服务的供应商、国防系统采购的产品及服务的供应链进行严格的安全审查,未通过安全审查的信息技术产品、服务以及供应商不得进入联邦政府的采购名单。为实现技术制衡,美国设计了国家网络空间安全保护系统(NCPS,俗称"爱因斯坦计划")和信息保障技术框架(IATF),为网络空间安全治理提供技术指南。同时,美国还成立了"区域性计算机取证实验室",通过网络空间信息技术工具分析网络色情、传播计算机病毒、黑客入侵、盗用网络身份等网络犯罪行为的数据,为执法部门追踪网络犯罪嫌疑犯和组织团伙提供技术支持。此外,在军事人才储备方面,自 2001 年起美国开始培养可以应对大型网络攻击的军事人才,为美国网络空间安全提供了大批训练有素的网络战士,2010 年美国"陆军网络司令部"(Army Cyber Command)正式成立。

2. 英国在网络空间安全治理方面的特色

英国一直处于网络空间发展的前沿。与美国相比,英国政府在国际上并不谋求网络空间的主导地位,而是将全部注意力集中在维护本国网络空间安全、加强本国网络空间安全产业竞争力、创造网络空间安全商业机遇等方面。在政府战略层面,英国政府全面推行国家网络空间安全战略,将多个重点领域纳入网络空间安全的国家范畴并制定了一系列立法和管理制度。但英国的网络空间安全治理并非由国家政府主导,而是以行业自律为主导,以网络空间行业自律规范作为直接和主要的监管准则,国家立法则予以间接配合,强调私营部门要在网络空间安全建设和投资上发挥主体作用。相应地,在监管机构设置上,英国的行政监管机构和行业自律机构相辅相成。同时,英国在网络空间安全的人才培养方面采取多项措施以促进其建设和发展,在国防政策与建军规划方面大胆尝试并组建专门负责网络空间信息战的新部门。

3. 俄罗斯在网络空间安全治理方面的特色

俄罗斯采取了政府主导型治理模式,强调政府在网络空间中的主导作用,核心在于通过立法和行政手段正确发挥政府的干预作用。俄罗斯具有较高的战略布局能力和技术标准控制优势,并以此试图打造保护强度高的网络空间安全法律治理体系,其通过技术自主性优势,配套强准入管控规制和高网络空间安全战略规格予以实施,并希望这一网络治理体系发挥较大的区域示范性和影响力。俄罗斯网络空间安全治理体系强调平等自由,提倡更进一步发挥政府作用,这在一定程度上与中国网络空间的治理体系不谋而合。

4. 韩国在网络空间安全治理方面的特色

韩国对网络空间安全治理非常重视,在网络空间安全治理方面积累了丰富的经验。韩国政府在网络空间监管方面的措施极为严格,其中网络实名制是韩国在网络空间安全治理方面的代表性政策。网络实名制是网络空间安全治理的重要手段,但其推行却饱受争议。作为全世界最早推行网络实名制的国家,韩国推行网络实名制的过程曲折而艰辛——从其最初确立,到大范围实施,到被废止,再到现阶段的有条件实行,这充分反映出网络空间安全治理过程中不断寻求管理与发展之间的平衡点,需要高度的灵活性和适应性,公权和私权的博弈,法制与自治的协调,不可忽视民众的力量,以及技术对政策的颠覆和架空等问题,为网络空间安全治理的发展提供了宝贵的实践经验。

5. 以色列在网络空间安全治理方面的特色

以色列在网络空间安全治理方面也非常努力,提出了一种混合模式的网络空间安全治理方式:一方面,民事部门在很大程度上可不受任何强制约束力,国家主要依靠市场力量,寻求合适的安全防护和经济投资之间的平衡;另一方面,对拥有战略意义的民营企业,如国家银行等,国家则采取中央集权策略,强制执行国家规定的信息安全防护要求,甚至对未达到必要门槛条件的公司实施制裁。

9.2.3　探索网络空间安全治理的国际规则

在努力提高本国网络空间安全治理水平的同时,各国也不同程度地参与探索和推进网络空间安全治理的国际规则。

1. 信息安全国际行为准则

2011 年,中国、俄罗斯、塔吉克斯坦、乌兹别克斯坦四国在联合国联合提出“信息安全国际行为准则”,此后哈萨克斯坦和吉尔吉斯斯坦两国也加入其中,共同对网络空间安全治理提出了意见。随着实践和发展中新问题的出现,我国和这几个国家又创新性地对该准则进行了修改,使其规则更加细化,更加符合现代国家社会的利益,并于 2015 年 1 月再一次向联合国大会共同提交。

这是国际上第一份全面、系统地阐述网络空间行为规范的文件,是发展中国家携手治理网络空间安全的伟大尝试。该文件涵盖了政治、军事、经济、社会、文化、技术等各方面,包括各国不应利用包括网络在内的信息通信技术实施敌对行为、侵略行径和制造对国际和平与安全的威胁;强调各国有责任和权利保护本国信息和网络空间及关键信息和网络基础设施免受威胁、干扰和攻击破坏;建立多边、透明和民主的互联网国际管理机制;充分尊重信息和网络空间的权利和自由;帮助发展中国家发展信息和网络技术;合作打击网络犯罪等。该文件明确了网络空间安全技术运用的正当性,明确了网络空间中国家的权利和责任,反映了发展中国家对网络空间安全治理的观点和立场。这个进程值得研究者以及政策制定者持续关注和推进。

2.《塔林手册》

《塔林手册》是北约卓越合作网络防御中心制定的网络战规则,它将现实世界的国际法规则适用到网络空间中,是首次尝试打造一种适用于网络攻击的国际法典。《塔林手册》并非北约官方文件或者政策,只是一个建议性指南。

2013 年 3 月《国际法适用于网络战争的塔林手册》(*Tallinn Manual on the International Law Applicable to Cyber Warfare*)出版,体现了西方军事理论界、国际法学界、网络技术专家对网络空间安全冲突的认识和理解,对于制定网络战规则及参与全球网络空间行为准则的制度具有一定的参考价值。

2017 年 12 月《网络行动国际法:塔林手册 2.0》(*Tallinn Manual 2.0 on the International Law Applicable to Cyber Operations*)出版,它是目前最新、最全面地研究网络空间国际法的资料,内容体系是关于和平时期网络行动的国际法规则。除北约国家的专家外,有来自中国、俄罗斯、泰国和日本的专家各一名,国际化程度有所提高,但依然有明显的西方倾向。

《塔林手册》并非官方文件或者政策,其内容存在片面性和倾向性,但《塔林手册》的制定是国际合作制定网络空间安全治理规则的一次尝试和努力。

9.3 我国网络空间安全治理

我国已经成为全世界最大的网络空间使用国家,在网络空间安全治理方面,我国主张维护网络空间主权、尊重主权平等,以构建网络空间命运共同体。同时我国把网络空间安全治理提升到国家战略层次,不断制定和完善网络空间安全治理的战略和法律法规体系,推动行业自律,促进人才培养和技术创新,促进网络空间生态文化建设和发展,促进多方面国际合作。

9.3.1 我国网络空间安全战略规划

2005 年,国务院重新组建国家信息化领导小组并制定《国家信息安全战略报告》,这是我国首部真正意义上的国家网络空间安全战略,初步确定了国家网络空间安全的战略布局和长远规划。

2006 年,中共中央办公厅、国务院办公厅印发了《2006—2020 年国家信息化发展战略》。本战略是我国信息化发展史上第一次制定的中长期战略性发展规划,也是规制未来十五年信息化建设趋势和走向的一个纲领性文件。本战略共六大部分,在分析全球信息化发展趋势和我国信息化发展形势的前提下,重点阐述了未来中国信息化发展的指导思想、战略目标、战略重点、战略行动、保障措施等内容。

2016 年 7 月,中共中央办公厅、国务院办公厅印发《国家信息化发展战略纲要》。本战略纲要是根据新形势对《2006—2020 年国家信息化发展战略》的调整和发展,是规范和指导未来 10 年国家信息化发展的纲领性文件,是国家战略体系的重要组成部分,是信息化领域规划、政策制定的重要依据。

2016 年 11 月发布的《中华人民共和国网络安全法》明确规定国家应制定和不断完善网络安全战略,明确保障网络空间安全的基本要求和主要目标,提出重点领域的网络空间安全政策、工作任务和措施,明确要维护网络空间主权和国家安全、社会公共利益,保护公民、法人和其他组织的合法利益。

2016 年 12 月,国务院印发《"十三五"国家信息化规划》,对"十三五"时期信息化工作进行了全面布局。本规划旨在贯彻落实"十三五"规划纲要和《国家信息化发展战略纲要》,是"十三五"国家规划体系的重要组成部分,是指导"十三五"期间各地区、各部门信息化工作的行动指南。

2016 年 12 月,经中央网络安全和信息化领导小组批准,国家互联网信息办公室发布《国家网络空间安全战略》。本战略指出:信息技术广泛应用和网络空间兴起发展,极大促进了经济社会繁荣进步,同时也带来了新的安全风险和挑战。网络空间安全事关人类共同利益,事关世界和平与发展,事关各国国家安全。维护我国网络空间安全是协调推进全面建成小康社会、全面深化改革、全面依法治国、全面从严治党战略布局的重要举措,是实现"两个一百年"奋斗目标、实现中华民族伟大复兴中国梦的重要保障。制定本战略的目的在于贯彻落实习近平主席关于推进全球互联网治理体系变革的"四项原则"和构建网络空间命运共同体的"五点主张",阐明中国关于网络空间发展和安全的重大立场,指导中国网络空间安全工作,维护国家在网络空间的主权、安全、发展利益。

2017 年 1 月,工业和信息化部制定印发了《信息通信网络与信息安全规划(2016—2020)》,明确了以网络强国战略为统领,以国家总体安全观和网络安全观为指引,坚持以人民为中心的发展思想,坚持"创新、协调、绿色、开放、共享"的发展理念,坚持"安全是发展的前提,发展是安全的保障,安全和发展要同步推进"的指导思想;提出了创新引领、统筹协调、动态集约、开放合作、共治共享的基本原则;确定了到 2020 年建成"责任明晰、安全可控、能力完备、协同高效、合作共享"的信息通信网络与信息安全保障体系的工作目标。

2017 年 3 月,经中央网络安全和信息化领导小组批准,外交部和国家互联网信息办公室共同发布《网络空间国际合作战略》。本战略以和平发展、合作共赢为主题,以构建网络空间命运共同体为目标,就推动网络空间国际交流合作首次全面系统提出中国主张,为破解全球网络空间治理难题贡献中国方案,是指导中国参与网络空间国际交流与合作的战略性文件。

9.3.2　我国网络空间安全法律法规

中国特色社会主义法律体系,是以宪法为统帅,以法律为主干,以行政法规、地方性法规为重要组成部分,由宪法相关法、民法商法、行政法、经济法、社会法、刑法、诉讼与非诉讼程序法等多个法律部门组成的有机统一整体。网络空间安全所涉及的法律和法规贯穿到整个法律体系中。

1. 网络空间安全治理相关的法律

法律通常是指由社会认可国家确认立法机关制定规范的行为规则,并由国家强制力(主要是司法机关)保证实施的,以规定当事人权利和义务为内容的,对全体社会成员具有普遍约束力的一种特殊行为规范(社会规范)。我国网络空间安全治理相关法律情况如下。

《中华人民共和国网络安全法》自 2017 年 6 月 1 日起施行,这是我国网络空间安全领域的基础性法律,其宗旨是保障网络安全,维护网络空间主权和国家安全、社会公共利益,保护公民、法人和其他组织的合法权益,促进经济社会信息化健康发展。这是我国第一部全面规范网络空间安全管理方面问题的基础性法律,是我国网络空间法治建设的重要里程碑,是依法治网、化解网络风险的法律重器,是让互联网在法制轨道上健康运行的重要保障。《中华人民共和国网络安全法》将近年来一些成熟的好做法制度化,并为将来可能的制度创新做了原则性规定,为网络安全工作提供切实法律保障。

《中华人民共和国电子签名法》自 2005 年 4 月 1 日起施行,被称为"中国首部真正意义上的信息化法律",自此电子签名与传统手写签名和盖章具有同等的法律效力。本法律规范电子签名行为,确立电子签名的法律效力,维护有关各方的合法权益。

《全国人民代表大会常务委员会关于加强网络信息保护的决定》自 2012 年 12 月 28 日起实施,本决定旨在保护网络信息安全,保障公民、法人和其他组织的合法权益,维护国家安全和社会公共利益。

《全国人民代表大会常务委员会关于维护互联网安全的决定》是 2000 年 12 月 28 日在第九届全国人民代表大会常务委员会第十九次会议通过的法律法规。本决定指出:我国的互联网,在国家大力倡导和积极推动下,在经济建设和各项事业中得到日益广泛的应用,使人们的生产、工作、学习和生活方式已经开始并将继续发生深刻的变化,对于加快我国国民经济、科学技术的发展和社会服务信息化进程具有重要作用。同时,如何保障互联网的运行安全和信息安全问题已经引起全社会的普遍关注。本决定旨在兴利除弊,促进我国互联网的健康发展,维护国家安全和社会公共利益,保护个人、法人和其他组织的合法权益。

2. 网络空间安全治理相关的行政法规

行政法规是国家行政机关(国务院)根据宪法和法律,制定的行政规范的总称。

关于网络空间安全治理的行政法规有《国务院关于授权国家互联网信息办公室负责互联网信息内容管理工作的通知》《信息网络传播权保护条例》《互联网上网服务营业场所管理条例》《计算机软件保护条例》《外商投资电信企业管理规定》《互联网信息服务管理办法》《中华人民共和国电信条例》《计算机信息网络国际联网安全保护管理办法》《中华人民共和国计算机信息网络国际联网管理暂行规定》《中华人民共和国计算机信息系统安全保护条例》等。

3. 网络空间安全治理相关的部门规章

部门规章指的是国家最高行政机关所属的各部门、委员会在自己的职权范围内发布的调整部门管理事项,并不得与宪法、法律和行政法规相抵触的规范性文件,主要形式是命令、指示、规定等。

关于网络空间安全治理的部门规章有《中国互联网络域名管理办法》《互联网新闻信息服务管理规定》《互联网信息内容管理行政执法程序规定》《外国机构在中国境内提供金融信息服务管理规定》《规范互联网信息服务市场秩序若干规定》《互联网信息服务管理办法》《互联网视听节目服务管理规定》《互联网等信息网络传播视听节目管理办法》等。

4．网络空间安全治理相关的规范性文件

规范性文件是各级机关、团体、组织制发的各类文件中最主要的一类，因其内容具有约束和规范人们行为的性质，故名称为规范性文件。

关于网络空间安全治理的规范性文件有《互联网新闻信息服务单位内容管理从业人员管理办法》《互联网新闻信息服务新技术新应用安全评估管理规定》《互联网用户公众账号信息服务管理规定》《互联网群组信息服务管理规定》《互联网跟帖评论服务管理规定》《互联网论坛社区服务管理规定》《互联网新闻信息服务许可管理实施细则》《互联网直播服务管理规定》《移动互联网应用程序信息服务管理规定》《互联网信息搜索服务管理规定》《互联网新闻信息服务单位约谈工作规定》《互联网危险物品信息发布管理规定》《互联网用户账号名称管理规定》《即时通信工具公众信息服务发展管理暂行规定》等。

5．网络空间安全治理相关的政策文件

政策文件指的是国家政权机关、政党组织和其他社会政治集团为了实现自己所代表的阶级、阶层的利益与意志，以权威形式标准化地规定在一定的历史时期内，应该达到的奋斗目标、遵循的行动原则、完成的明确任务、实行的工作方式、采取的一般步骤和具体措施的文件。

关于网络空间安全治理的政策文件有《关于加强国家网络安全标准化工作的若干意见》《关于变更互联网新闻信息服务单位审批备案和外国机构在中国境内提供金融信息服务业务审批实施机关的通知》《关于加强党政机关网站安全管理工作的通知》《全国等级保护测评机构推荐目录》等。

6．网络空间安全治理相关的司法解释

司法解释是指国家最高司法机关在适用法律过程中对具体应用法律问题所作的解释。

关于网络空间安全治理的司法解释有《最高人民法院关于审理利用信息网络侵害人身权益民事纠纷案件适用法律若干问题的规定》《最高人民法院、最高人民检察院关于办理利用信息网络实施诽谤等刑事案件适用法律若干问题的解释》《最高人民法院关于审理侵害信息网络传播权民事纠纷案件适用法律若干问题的规定》《最高人民法院、最高人民检察院关于办理利用互联网、移动通讯终端、声讯台制作、复制、出版、贩卖、传播淫秽电子信息刑事案件具体应用法律若干问题的解释》等。

9.3.3　我国在网络空间安全治理方面大力开展国际合作

《中华人民共和国网络安全法》"第一章 总则"第五条明确提出：国家积极开展网络空间治理、网络技术研发和标准制定、打击网络违法犯罪等方面的国际交流与合作，推动构建和平、安全、开放、合作的网络空间，建立多边、民主、透明的网络治理体系。这表明中国致力于通过法律界定网络安全、维护网络主权、规范网络行为，推动网络空间国际合作。同时，中国也愿意在网络空间合作中承担更多责任，发挥积极作用。

1．"一带一路"与网络空间安全治理

2015 年 3 月，国家发展改革委、外交部、商务部联合发布《推动共建丝绸之路经济带和21 世纪海上丝绸之路的愿景与行动》。该文件提出了"一带一路"建设的主要内容，即政策沟通、设施联通、贸易畅通、资金融通、民心相通（简称"五通"），并强调"基础设施互联互通是

'一带一路'建设的优先领域"。

网络空间的互联互通最能体现"一带一路"的时代特色,网络空间安全治理是否有成效则直接影响到"一带一路"基础设施互联互通能否成功。"一带一路"不仅是现实空间的战略与建设,还在网络空间安全方面具有多层次的战略意义。加强网络空间安全及其治理方面的合作,是"一带一路"沿线国家共同发展的坚实基础。

同时,"一带一路"国家互帮互助以实现网络空间安全自主可控,彻底摆脱美国主导的被动局面,实质性改变全球网络安全格局,形成事实上的中美网络安全对等博弈。如果"一带一路"战略使得中国在全球网络基础设施建设中迅速崛起,改变网络空间的力量平衡,改变网络空间中美两强国博弈的不对等局面,改变网络空间美国一家独大的霸权格局,形成与美国分庭抗礼的对等博弈格局,那么就可以破解"美国霸权"这个大多数国家面临的共同困境。这对于在全球网络空间尽快建立起开放、包容的规范,建立全球的健康良性的秩序,意义重大。

2. 中美在网络空间安全治理方面的合作

中美在网络空间安全治理方面是合作和博弈的关系。中美领导人高度重视网络空间合作,双方就网络空间合作问题会晤频繁,逐步达成共识,加快推进合作的步伐。

2012年9月,美国国土安全部和中国公安部确定了高层会晤机制,并将网络安全议题确立为新的合作领域。

在2013年4月的中美会晤中,中国外交部部长王毅和美国国务卿克里一致认为网络安全问题是中美关系的重要议题之一,双方就加快采取网络行动的必要性达成共识,并同意在中美战略安全对话框架下设立网络工作组。

2013年7月,第一次中美网络安全工作组会议在美国举行,双方就网络安全及中美网络工作组建设深入交换意见,并希望双方在网络安全方面建立起合作关系。

2015年,习近平主席在第八届中美互联网论坛上指出,网络空间合作是中美合作的新亮点,两国可以就网络问题开展建设性对话。

2015年9月9日至12日,习近平主席特使、中共中央政治局委员、中央政法委书记孟建柱,率公安、安全、司法、网信等部门有关负责人访问美国,同美国国务卿克里、国土安全部部长约翰逊、总统国家安全事务助理赖斯等举行会谈,双方同意开展有关网络空间安全的对话与合作。会谈中,双方达成广泛共识,取得了一系列重要成果。其中,中美双方同意,建立两国打击网络犯罪及相关事项高级别联合对话机制。

2015年12月1日,国务委员、公安部部长郭声琨在华盛顿与美国司法部部长林奇、美国国土安全部部长约翰逊共同主持了首次中美打击网络犯罪及相关事项高级别联合对话。双方在此次对话中达成了《中美打击网络犯罪及相关事项指导原则》,决定建立热线机制,在网络空间安全个案、网络空间反恐合作、网络空间安全执法培训等方面取得了积极成果。

3. 中俄在网络空间安全治理方面的合作

中国和俄罗斯从地缘政治、国际格局和网络产业发展等多个方面形成了网络空间安全治理的共建共识,强调网络空间主权的原则,提倡政府和政府间主导的多边利益协调机制。

2016年6月25日,中俄两国就协作推进信息网络空间发展发布联合声明,提出两国一贯恪守尊重信息网络空间国家主权的原则,主张各国均有权平等参与互联网治理,倡导各国应在相互尊重和相互信任的基础上全面开展实质性的对话与合作,支持联合国在建立互联网国际治理机制方面发挥重要作用。

4. 中英在网络空间安全治理方面的合作

2016 年 6 月 13 日,首次中英高级别安全对话在北京举行,中英双方就合作以及共同关注的国际和地区突出安全问题深入交换意见并达成重要共识,为中英两国在打击恐怖主义、打击网络犯罪和有组织犯罪、加强国际地区安全问题合作等方面搭建了一个新的交流与合作平台。

9.4 思 考 题

1. 如何定义网络空间安全治理?
2. 简述网络空间安全治理的重要性。
3. 网络空间安全治理面临的挑战主要有哪些?
4. 我国在网络空间安全治理方面的基本主张是什么?
5. 目前我国在网络空间安全治理方面所采取的措施主要有哪些?

第10章

新环境安全

10.1 云计算安全

10.1.1 云计算概述

云计算技术的出现给传统的 IT 行业带来了巨大的变革,对于云计算的概念,不同组织从不同的角度给出了定义。

美国国家标准与技术研究院(National Institute of Standards and Technology,NIST)将云计算定义为一种无处不在的、便捷的且按需对一个共享的、可配置的计算资源进行网络访问的模式,资源包括网络、服务器、存储、应用和服务等,它能够通过最少量的管理或与服务供应商的互动实现计算资源的迅速供给和释放。

欧洲网络与信息安全局(European Union Agency for Network and Information Security,ENISA)则认为,云计算可提供包括多个利益相关者资源的弹性运行环境,并对特定等级服务质量提供多粒度级的可计量服务。

1. 云计算特征

根据云计算的定义,其特征可归纳为 5 点,分别为按需自服务、宽度接入、资源池虚拟化、架构弹性化以及服务计量化。

① 按需自服务。用户在需要时自动配置计算能力,如自主确定资源占用时间和数量,从而减少服务商的人员参与。

② 宽度接入。支持各种标准接入手段,用户通过计算机、平板电脑等多种终端利用网络随时随地使用服务。

③ 资源池虚拟化。根据用户需求,将物理的、虚拟的资源进行动态分配和管理,分配给多个用户使用。

④ 架构弹性化。服务可以快速弹性地供应,用户可根据需要快速、灵活且方便地获取和释放资源。

⑤ 服务计量化。云计算可按照多种计量方式自动控制或量化资源,计量的对象可以是存储空间、网络带宽或活跃的账户数等。

2. 云计算分类

云计算根据服务模式的不同可分为软件即服务(SaaS)、平台即服务(PaaS)以及基础设施即服务(IaaS)3 类。

（1）软件即服务

SaaS 以服务的方式向用户提供使用应用程序的能力。用户可以利用不同设备上的客户端或程序接口通过网络访问和使用云服务商提供的应用软件（如电子邮件系统、协同办公系统等），并且不需要开发或购买这些应用程序。一般用户是不能管理和控制如网络、服务器、操作系统等支撑应用程序运行的低层资源的，但用户可对应用软件进行有限的配置管理。

（2）平台即服务

PaaS 向客户提供在云基础设施上部署和运行开发环境的能力，如标准语言与工具、数据访问、通用接口等，客户可利用该平台开发和部署自己的软件。

（3）基础设施即服务

IaaS 以服务的方式向用户提供使用处理器、存储、网络以及其他基础性计算资源的能力。虽然用户不能管理和控制云基础设施，但能控制自己部署的操作系统、存储和应用，也能部分控制使用的网络组件。

云计算根据部署方式的不同，可分为私有云、公有云、社区云和混合云等 4 种部署模式。

① 私有云。私有云即提供给某些特定用户使用的云平台，不向外提供服务。

② 公有云。公有云即为外部用户提供服务的云，对云平台的客户范围没有限制。

③ 社区云。云基础设施由多个组织共享，组织间用户具有相同的属性，如职能、安全需求、策略等。

④ 混合云。上述两种或两种以上部署模式的云（私有的、社区的或公共的）组合称为混合云，混合云是两个或多个云通过标准的或私有的技术绑定在一起形成的。

10.1.2　云计算安全威胁

云计算作为一种新兴的计算资源利用方式，除了传统信息系统的安全问题外，还面临着一些新的安全威胁，主要包括数据安全和虚拟化安全两部分，本书将从这两部分来阐述云计算发展面临的安全挑战。

1. 数据安全

云计算打破了传统 IT 系统中用户即是服务商，用户数据存储在企业自有数据中的理念，将用户和服务商分离，使得数据的所有者和保管者、数据的所有权和管理权分离，引发了新的数据安全问题。在运营过程中，服务商由于不涉及自身的安全利益，常常会忽视潜在的安全问题，具体如下。

① 数据分离问题。由于云环境是共享的，多个用户的数据可能会保存在同一个云环境中，因此需要保证数据间的隔离。虽然隔离时可以使用加密来完成，但会对数据的可用性造成影响。

② 数据恢复问题。发生灾难后，服务商能否对数据进行完整的恢复也会影响数据的安全性。

③ 数据保存问题。采用分布式存储以及虚拟化技术，使得数据保存位置不确定，而迁移到云计算环境的用户数据以及后续过程中生成、获取的数据都处于服务商的直接控制下，服务商的某些特权会对数据安全造成隐患。

④ 数据残留问题。用户不能直接访问和管理存储数据的存储介质，当用户解除与服务

商的合作后,不能保证服务商将存储介质中的用户数据完全删除,造成数据残留风险。

2. 虚拟化安全

资源池虚拟化是云计算区别于传统计算模式的重要标志,虚拟化技术是实现资源池化的基础,其实现了物理资源的逻辑抽象和统一表示。通过虚拟化技术可以提高资源的利用率,并能根据用户业务需求的变化,快速、灵活地进行自由部署。一个成熟的云平台,必须实现服务器虚拟化、网络虚拟化、存储虚拟化三大关键技术。

虚拟化的目的是隔离出一个用户或多个用户租赁的执行环境,用于运行操作系统及应用。然而,虚拟化技术的大规模应用打破了传统网络边界的划分方式,网络边界变得模糊和动态,为传统安全带来了挑战。

① VM 通信流量不可视。同一物理机内部的虚拟机间进行数据交换时并不经过传统的网络接入层交换机,直接导致虚拟机之间的流量不可视,无法实现流量数据监控和审计等。

② 网络边界不固定。同时虚拟化的网络结构使得传统的分区分域防护变得难以实现。

③ 资源恶意竞争。多虚拟机共享同一硬件环境,经常出现恶意抢占资源的情况。

④ 虚拟机间无法隔离。多个用户的应用和数据共享同一虚拟化软件和基础设施,因此虚拟机间不能做到有效的隔离。

⑤ 虚拟化平台安全。虚拟化平台自身的漏洞可被攻击者利用,将虚拟机作为跳板通过网络攻击虚拟化平台管理 API 或由虚拟机通过漏洞直接攻击底层的虚拟化平台,最终导致整个云平台瘫痪。

⑥ 权限过度集中。相比较传统数据中心的管理分散,虚拟化环境的管理往往都由同一管理员负责,并缺少对管理员的权限控制、操作审计以及合规性检查等。

⑦ 虚拟机安全管理复杂。在同一时刻管理上千台虚拟机的安全状态和策略,管理难度和强度很大。

10.1.3 云计算安全技术

复杂的云计算系统带来云计算安全技术的复杂性和多样性。云计算安全关键技术主要包括以下几个方面。

(1) 身份管理和访问控制

多租户共享的云计算环境中,如何实现用户的身份管理和访问控制,确保不同用户间数据的隔离和安全访问是云计算安全的关键技术之一。

(2) 密文检索与处理

传统的加密机制不支持对密文的直接操作,所以数据加密在确保数据隐私的同时,也导致传统的对数据的分析和处理方法失效。密文的检索与处理研究是当前的一个工作重点,典型方法有基于安全索引和基于密文扫描的方法,秘密同态加密算法设计也是当前的一个研究重点。

(3) 数据存在与可使用性证明

由于大规模数据导致的巨大通信代价,用户不可能将数据下载后再验证其正确性。因此,用户需要在获取数据后,通过某些协议或证明手段判断远程数据是否完整可用。

(4) 数据安全和隐私保护

数据安全和隐私保护涉及数据生命周期的每一个阶段。数据生成与计算、数据存储和使用、数据传输、数据销毁等不同阶段都需要有隐私保护机制,帮助用户控制敏感数据在云端的安全。

（5）虚拟化安全技术

虚拟化技术是实现云计算的关键核心技术,云计算利用虚拟化技术实现物理资源的动态管理与部署,为多用户提供隔离的计算环境。虚拟机安全、虚拟网络安全等安全问题会直接影响云计算平台的安全性。因此,虚拟化安全对于确保云计算环境的安全至关重要。

10.1.4　云安全组织及标准

1. 国外云安全机构及标准

目前国外主要的云安全标准机构有 ISO/IEC 第一联合技术委员会、国际电信联盟-电信标准化部、美国国家标准与技术研究院、区域标准组织（美国）CIO 委员会、欧洲网络与信息安全局以及开放式组织联盟。

（1）ISO/IEC 第一联合技术委员会（ISO/IEC JTC1）

ISO/IEC 第一联合技术委员会属于联合国下属机构,于 1987 年由 ISO 和 IEC 两大国际标准组织联合组建。JTC1 共包含 3 种类型的成员:参加成员、观察成员以及联络成员。云计算领域的标准化工作主要由 JTC1 下 SC38 工作组完成。

JTC1 于 2011 年 8 月完成《开放虚拟机格式》标准的制定,其中描述了虚拟机迁移的文件格式及打包方法,提出可以对虚拟机进行应用程序细粒度的打包迁移。JTC1 于 2010 年 10 月启动了研究项目"云计算安全和隐私",目前已基本确定云计算安全和隐私的概念架构,明确了关于云计算安全和隐私标准研制的 3 个领域:信息安全管理、安全技术以及身份管理和隐私技术。

（2）国际电信联盟-电信标准化部（ITU-T）

ITU-T 是国家电信联盟管理下专门制定远程通信的相关国际标准组织,组织成员多来自电信业务提供商以及软件生产商等。

ITU-T 于 2010 年 6 月成立了云计算焦点组（FG Cloud）,致力于从电信角度为云计算提供支持。云计算焦点组发布了包含《云安全》和《云计算标准制定组织综述》在内的 7 份技术报告。

（3）美国国家标准与技术研究所（NIST）

NIST 在进行云计算及安全标准的研制过程中,定位于为美国联邦政府安全高效使用云计算提供标准支撑服务。迄今为止,NIST 共成立了 5 个云计算工作组,分别是云计算参考架构和分类工作组、云计算应用的标准推进工作组、云计算安全工作组、云计算标准路线图工作组、云计算业务用例工作组。

目前 NIST 已完成《云计算参考体系架构》《云计算安全障碍与缓和措施》《公共云计算中安全与隐私》以及《通用云计算环境》等多项标准。由其提出的云计算定义、三种服务模式、四种部署模型、五大基础特征被认为是描述云计算的基础性参照。

（4）区域标准组织（美国）CIO 委员会

CIO 委员会成立于 2002 年,属于美国政府机构。2010 年 2 月,CIO 委员会与 NIST、GSA 以及 ISIMC 一起合作完成《美国政府云计算风险评估方法》。

（5）欧洲网络与信息安全局（ENISA）

ENISA 成立于 2004 年，目的是提高欧洲网络与信息安全。其在云安全标准化方面主要关注云计算中风险评估和风险管理等，由 ENISA 下的 WG NRMP 工作组负责。

ENISA 从 2009 年开始，先后发布了《云计算：优势、风险及信息安全建议》《云计算信息安全保障框架》《政府云的安全和弹性》以及《云计算合同安全服务水平监测指南》等。

（6）开放式组织联盟

开放式组织联盟于 2009 年 10 月成立云工作组，目前开放式组织联盟已完成《云计算标准》的制定，该标准对云计算体系架构进行标准化，包括通用云架构、云服务质量（QoS）、云安全以及服务虚拟定价等。此外，开放式组织联盟还发布了《云安全和 SOA 参考架构》，构建面向 SOA 的云安全参考架构，涉及云中数据存储安全、数据可信等领域。

2. 国内云安全组织及标准

在国内，与云计算安全相关的标准组织主要有中国通信标准化协会和全国信息安全标准化技术委员会等。

（1）中国通信标准化协会（CCSA）

CCSA 于 2002 年 12 月在北京正式成立，目前已发布了《移动环境下云计算安全技术研究》《电信业务云安全需求和框架》等相关云安全标准。《移动环境下云计算安全技术研究》由中国联合网络通信集团牵头，针对移动环境中云计算面临的安全关键问题进行详细分析和研究。《电信业务云安全需求和框架》旨在构建电信业务云环境的安全业务云体系框架。

（2）全国信息安全标准化技术委员会

全国信息安全标准化技术委员会简称信安标委。信安标委成立了多个云计算安全标准研究课题，并组织协调政府机构、科研院校、企业等开展云计算安全标准化研究工作。

10.2　物联网安全

10.2.1　物联网概述

物联网是通过 RFID 技术、无线传感器技术以及定位技术等自动识别、采集和感知获取物品的标识信息、物品自身的属性信息和周边环境信息，借助各种信息传输技术将物品相关信息聚合到统一的信息网络中，并利用云计算、模糊识别、数据挖掘以及语义分析等各种智能计算技术对物品相关信息进行分析融合处理，最终实现对物理世界的高度认知和智能化的决策控制。物联网被视为继计算机、互联网之后信息技术产业发展的第三次革命，其泛在化的网络特性使得万物互联正在成为可能。智能家居、车联网、人工智能等这一切的背后正是物联网在加速落地、快速成熟，物联网时代的到来已经毋庸置疑。

物联网技术以多网融合聚合性复杂结构系统形式出现，其基础与核心仍然是互联网。物联网在互联网的基础上得以延伸和拓展，在云计算、移动互联网、智能移动终端等的帮助下使其体系架构变得愈发丰富饱满。然而，正是由于物联网络对于互联网络的天然继承性，使得针对互联网所发起的各类恶意攻击开始蔓延到物联网领域。

互联网在被创造伊始并未将"安全"作为首要的考量因素,这使其在诞生之初就存在"安全免疫缺陷"。继承于互联网的物联网,不仅融合了互联网的长处和优势,同时也天然携带了这份"安全免疫缺陷"基因,加之物联网自身不断展现出来的新特性,使得这一安全缺陷在被持续扩大。

10.2.2　物联网安全架构

物联网有着不可计数的感知终端,有着复杂的信息通信渠道,并基于现有通信技术实现了网络应用多样化。物联网采用现有成熟的网络技术的有机融合与衔接,实现物联网的融合形成,实现物体与物体、人与物体相互的认知与感受,真正体现物物相连的智能化。

目前公认的物联网架构分为 3 层,分别为感知层、传输层和应用层。感知层包括传感器节点、终端控制器节点、感知层网关节点、RFID 标签、RFID 读写器,以及短距离无线网络(如 ZigBee)等;传输层主要以远距离广域网通信服务为主;应用层主要以云计算服务平台为基础,包括云平台的各类服务和用户终端等,物联网安全架构如图 10-1 所示。

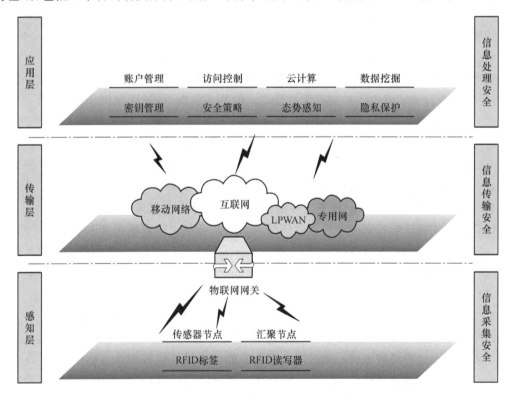

图 10-1　物联网安全架构示意图

1. 感知层安全

物联网区别于互联网的主要因素是感知层的存在。它处于底层,直接面向现实环境,基数大,功能各异,渗透进人们日常生活的各个方面,所以其安全问题尤为重要。该层涉及条码识别技术、无线射频识别(RFID)技术、卫星定位技术、图像识别技术等。感知层安全要保护的是数据在感知节点内部的处理安全和数据通信安全,包括传感器节点与汇聚节点之间的通信安全、RFID 标签与 RFID 读写器之间的通信安全。

2. 传输层安全

传输层主要负责汇聚感知数据，实现物联网数据传送。物联网中节点数量庞大，且以集群方式存在，因此会导致数据传播过程中，由于机器发送了大量数据造成网络拥塞，产生拒绝服务攻击。此外，现有通信网络的安全架构都是从人通信的角度设计的，对于以物为主体的物联网，传输层安全问题更多地集中在传输安全与完整性方面。

3. 应用层安全

应用层安全主要涉及云计算平台上的安全服务和应用服务。安全服务包括系统安全、应用软件安全、数据存储安全、大数据处理安全等；应用服务包括对终端用户的身份鉴别、访问控制、密钥管理等一系列技术措施，实现云计算平台数据在用户使用过程中能够符合技术要求和管理策略。应用层的处理功能和应用功能技术可能涉及不同的开发者和用户，因此有些架构将应用层进一步细分为处理层和应用层，形成包含 4 个逻辑层的物联网安全架构。

10.2.3　物联网安全问题及其对策

物联网安全防护需要考虑其复杂性和特殊性，要做到安全入微，更要实现统筹安全、度量安全。物联网中的每个智能设备都是一个微点，这些微点可能仅有几千字节的运行代码，但依然会受到各种攻击，故安全防护需要在低功耗、低带宽、低运算能力的条件下完成。因此，轻量级安全技术的安全防护变得至关重要。构造多层次、多样性保护系统，使微点有足够强度的安全防护及抗攻击能力，进而让安全能力泛在化物联网的每个环节、每个角落，从全生态系统、全生命周期对物联网体系安全进行考虑和规划，做到物联网安全极大化。物联网安全防护最关键的是要逐步建立起物联网安全度量方法和规范，并据此设立物联网安全基线，由此让繁琐的物联网清晰可判断。物联网的安全防护可以从以下 5 点进行。

1. 物联网安全要从设计阶段予以考量，并且需要深入到代码层面

物联网时代攻击者主要瞄准的目标依然是物联网终端里的智能设备"大脑"——代码。黑客在掌握了恰当的终端设备硬件平台、操作系统入侵方法后，就会设法对核心代码算法进行窃取，尝试破解密钥、加密算法，挖掘控制协议、后台交互逻辑漏洞等，进而实现暴露系统漏洞，对系统后台进行攻击，劫持/控制设备，获取用户信息/机密数据等操作。

2. 赋予物联网端点智能安全能力，构建端点智能自组织安全防护循环微生态

每个终端微点之间实际上存在着一条无形边界——微边界，物联网领域攻防对抗的第一战场就是于微边界处展开的。微边界上聚集着数以千万计的终端微点，一个感知终端的安全漏洞将会沿着微边界横向、纵向扩展，并在物联网上被级数放大，由单个微点所最终导致的安全风险损失不可估量。因此，要将安全泛在化于每个微边界点上，使每个终端微点都具备安全防护及抗攻击能力。安全的部署和运维要能够适应海量并且多样化、多元化的感知设备。安全威胁的发现、监测与响应要能够细粒度到每个微边界点上。由微边界联合起来的众多物联网终端微点，要能够逐步实现矩阵化，从松散的个体成为组织化、智能自适应化的严谨统一整体，构筑极细微安全防御体系，以细粒度安全防护叠加方式使得终端的轻量级安全有足够强度的抗攻击能力，实现对终端立体防御体系内安全机制的技术动态聚合，运用整体力量对抗单点式恶意攻击。

3. 构建多重隔离的物联网通信安全,加强数据通信传输通道的安全性

对于物联网的通信安全,首先,需要加强网络通信协议自身的安全防护。考虑通信协议本身就是由一行行代码所组成的,因此可以对通信协议采用多层密钥加密传输,以提供更加安全的保障。可以通过白盒加密技术再对加密密钥进行安全性保护,防止密钥的泄露和破解。对通信协议代码实施高强度混淆,彻底"打乱"旧有程序的逻辑思路,极大增加黑客分析、破解、调试、Hook、Dump 通信协议的难度,甚至在超过破解性价比临界值时迫使黑客放弃入侵攻击。

其次,要对数据通信传输通道里的数据流进行加密操作,杜绝明文传输。还要对流量里的数据进行安全过滤、安全认证,确保让正确的数据在通信传输管道里流通。对设备指纹、时间戳信息、身份验证、消息完整性等多种维度的安全性校验,可以进一步保证数据传输的唯一性和安全性。另外要注意,在特殊物联网传输环境下,要考虑进行网络加速操作,避免数据通信传输管道成为物联网体系正常运转的瓶颈。

最后,要加强通信通道安全防护软硬件的研发,重点涉及高性能信道与网络密码设备、密码网关、安全 Web 网关、安全路由及交换设备、高性能网络隔离与交换系统、网络行为监控系统、统一威胁管理平台等。

4. 通过安全度量,为物联网安全系统设立恰当的安全基线

对于物联网安全的度量,可从物联网安全的检测能力、防护能力、预警能力和响应能力方面评价物联网的安全性和有效性。在物联网安全检测能力方面,度量尺度可用置信度来衡量。置信度由查全率、查准率、碎片率、错误关联率等尺度组成,在物联网复杂的网络环境中,需要具备检测、挖掘、分析各种恶意攻击轨迹的能力,以有效地感知物联网的安全态势。一般攻击轨迹可分为已知攻击轨迹、检测到的攻击轨迹和正确检测到的攻击轨迹,没有被检测到的已知攻击轨迹是漏警,而不存在但却检测出的攻击轨迹则是虚警,提高查全率和查准率可提高物联网安全检测能力。在物联网安全防护能力方面,度量尺度可以用不一致率指标来衡量,其主要衡量所采取安全防护措施的质量情况,即正确使用安全防护措施的程度如何,也表明安全防护措施存在错误的关联或联系。在物联网安全预警能力方面,度量尺度可以用告警率来衡量,其主要衡量正确告警的情况,正确告警的次数占总核实告警次数的比率越高,物联网安全预警能力越强。在物联网安全响应能力方面,度量尺度可用响应时间来衡量,其主要衡量从发现安全问题到做出决策或采取行动之前所花费的时间,其既是性能衡量标准,又是有效性的衡量标准,降低响应时间,继而可提高物联网安全响应能力。物联网安全有效性的度量尺度可以用满意度来衡量,其主要衡量决策者对所重点关注的物联网领域所采取安全措施的满意程度,满意度越高,物联网安全的有效性越好。物联网安全性和有效性的衡量不能依靠单个尺度,需要各衡量尺度组合,才能充分评价物联网的安全性和有效性。

5. 耦合不同安全运维平台,实现对物联网整体安全的全面管控

云平台能够对物联网终端所收集的数据进行综合、整理、分析、反馈等操作。针对物联网云平台,还需要加入移动安全这个维度的安全防御,例如,需要移动威胁感知平台来完善云平台安全情报,通过 SOC、M-SOC(Security Operation Center for Mobile)实现对物联网安全体系的整体管控,通过移动安全测评云平台实现对物联网云端应用、源码、服务器安全性的检验与监测。

物联网的安全触角非常广阔,覆盖了众多领域维度。需要各运维平台能够实现耦合,进行安全防御联动,共享安全情报信息,整体把控物联网安全,以集体的力量有效对抗有组织的恶意攻击。在物联网时代,不同的云平台之间势必将互相连通起来,而在云平台整合的背后,则联动着不同行业、不同领域物联网安全管控平台的整合,物联网安全体系内部各个环节的整合,物联网微观环境里各个单元、模组的整合。只有将一切松散元素组合成严密的统一整体,才能将物联网安全清晰地呈现在人们面前。

10.2.4 物联网安全标准

物联网是互联网、通信网技术的延伸,相比传统的互联网,物联网终端数量更多,网络数据流量更多,需要加工处理的信息更复杂。尤其是物联网在许多重点行业、重大基础设施中应用起来后,对信息安全的要求更加突出,没有相应的安全标准做保障,一旦发生重大安全问题,不仅会造成严重的经济损失,甚至可能严重影响人们使用互联网的信心。

一方面,物联网安全标准可以体现在相关标准组织在物联网标准中对安全需求、安全架构、安全技术等的描述。另一方面,物联网安全标准可以体现在传统的信息安全标准扩展应用到物联网领域。总体来看,国际上各个标准组织的物联网标准制定工作还主要处于架构分析和需求分析阶段,物联网安全标准工作还处在起步阶段。

物联网技术涉及的领域众多,导致物联网标准分布比较分散,各个标准化组织都在进行相关标准化工作。目前,介入物联网领域的主要国际标准组织有 ITU-T、ISO/IEC、ETSI、3GPP 和 3GPP2、IEEE 等。在针对泛在网总体框架方面进行系统研究的国际标准组织中,比较有代表性的是 ITU-T 及 ETSI M2M(Machine-to-Machine)技术委员会。其中,ITU-T 从泛在网角度研究总体架构,而 ETSI 则从 M2M 的角度研究。除了传统的安全问题,针对物联网特殊的安全需求,不同的安全组织已经开展了相关研究。

1. 国外物联网安全标准

(1) ITU-T

ITU-T 是最早进行物联网研究的标准组织,启动了一系列针对物联网安全的项目,包括标签应用安全的 X.1171 威胁分析、X.rfpg 安全保护指南,针对泛在传感器网络安全的 X.usnsec-1 安全框架、X.usnsec-2 中间件安全指南、X.usnsec-3 路由安全,针对泛在网安全需求和架构的 X.unsec-1 等。

ITU-T SG17 组成立专门的小组展开泛在网安全、身份管理与解析的研究。SG11 组成立专门的"NID 和 USN 测试规范"组,主要研究节点标识(Node IDentify,NID)、泛在感测网络(Ubiquitous Sensor Network,USN)的测试架构、X.usnsec-2 USN 中间件安全、X.usnsec-3 WSN 安全路由机制、H.IRP 测试规范以及 X.oid-res 测试规范。SG13 组主要研究功能需求与构架,如 Y.2221 支持下一代网络(NGN)环境的泛在感测网络应用和服务需求。

(2) ISO/IEC

ISO/IEC 在 RFID 和传感器网络方面开展了大量研究工作。已发布的 RFID 标准涵盖了标签标识编码(15963)、空中接口协议(18000)、数据协议(15962、24753)、应用接口(15961)等。ISO/IEC JTC 1 成立传感器网络工作组(WG7),主要侧重传感器网络架构和整体标准化的协调。另外,JTC1 开展了编号为 29180 的泛在传感器网络安全框架标准项目,ISO/IEC19790:2006 针对计算机及通信系统加密模型的安全管理进行了说明。IEC WG 10 工作组的工作范围为网络和系统安全,已开展了 IEC 62443《工业过程测量、控制和自动化　网络与信息系统安全》系列标准的研制。

（3）ETSI

ETSI 主要采用 M2M 的概念进行总体架构方面的研究,在物联网总体架构方面研究得比较深入和系统,是目前在总体架构方面最有影响力的标准组织。

ETSI 专门成立了一个专项小组（M2M TC）,M2M TC 小组的职责是从利益相关方收集和制订 M2M 业务及运营需求,建立一个端到端的 M2M 高层架构,找出现有标准不能满足需求的地方并制定相应的标准,将现有的组件或子系统映射到 M2M 架构中。在 M2M 解决方案间的互操作性（制定测试标准）和硬件接口标准化方面,考虑与其他标准化组织进行交流及合作。ETSI M2M TC 在其规范中也研究了机器类通信安全,TS 102 689 需求规范明确提出可信环境和完整性验证需求、私密性需求等,TS 106 690 功能架构明确了各层安全功能需求,TR 103 167 专门分析了应用层安全威胁。

（4）3GPP 和 3GPP2

3GPP（The 3rd Generation Partnership Project,第三代合作伙伴计划）和 3GPP2 （The 3rd Generation Partnership Project 2,第三代合作伙伴计划 2）也采用 M2M 的概念进行研究。作为移动网络技术的主要标准组织,3GPP 和 3GPP2 关注的重点在物联网网络能力的增强方面,是在网络层方面开展研究的主要标准组织。

3GPP 针对 M2M 的研究主要从移动网络出发,研究 M2M 应用对网络的影响,包括网络优化技术等。3GPP 的研究范围只讨论移动网的 M2M 通信,它们只定义 M2M 业务,而不具体定义特殊的 M2M 应用。3GPP 目前已经基本完成了需求分析、转入网络架构和技术框架的研究,但核心的无线接入网络研究工作还未展开。相比较而言,3GPP2 相关研究的进展要慢一些,目前关于 M2M 方面的研究多处于研究报告阶段。3GPP SA3 针对机器类通信安全分别开展了 TR 23.888 M2M 设备 USIM（Universal Mobile Telecommunication System）业务远程管理、TR 33.868 M2M 安全威胁及解决方案标准项目。

（5）IEEE

IEEE 在物联网标准化方面的主要工作集中在近距离无线通信物理层和智能电网方面。IEEE 802.15（Wireless Personal Area Network Communication Technologies,WPAN）工作组形成了一系列重要标准,其中 IEEE 802.15.4 是 ZigBee 、WirelessHART、RF4CE、MiWi、ISA100.11a、6LoWPAN 等规范的基础,这些标准规范已在无线传感网、工控网等延伸网中广泛使用。在智能电网方面,IEEE 有智能电网互操作性系列标准（P2030 系列标准）和智能电网近距离无线标准（802.15.4g）。

2. 国内物联网安全标准

我国物联网相关研究机构和企业积极参与物联网国际标准化工作,在 ISO/IEC、ITU-T、3GPP 等标准组织取得了重要地位。我国有多个标准化组织开展物联网标准化工作。同时,在行业应用领域,在物联网概念发展之前,已经有不同的标准化组织开展相关研究。

（1）电子标签标准工作组

该工作组的任务是联合社会各方力量,开展电子标签标准体系的研究,并以企业为主体进行标准的预研、制定和修订工作。电子标签标准工作组目前已公布的相关 RFID 标准主要参照 ISO/IEC 15693 标准的识别卡和无触点的 IC 卡标准,即 GB/T 22351.1—2008《识别卡 无触点的集成电路卡 邻近式卡 第 1 部分 物理特性》和 GB/T 22351.3—2008《识别卡 无触点的集成电路卡 邻近式卡 第 3 部分 防冲突和传输协议》。

(2) 传感器网络标准工作组

传感器网络标准工作组的主要任务是研究并提出有关传感网络标准化工作方针、政策和技术措施的建议。传感器网络标准工作组由 PG1(国际标准化)、PG2(标准体系与系统架构)、PG3(通信与信息交互)、PG4(协同信息处理)、PG5(标识)、PG6(安全)、PG7(接口)、PG8(电力行业应用调研)8 个专项组构成,开展具体的国家标准的制定工作。

(3) 泛在网技术工作委员会

中国通信标准化协会(China Communication Standards Association,CCSA)泛在网技术工作委员会(TC10)的成立,标志着 CCSA 泛在网技术与标准化的研究将更加专业化、系统化、深入化,推动泛在网产业健康快速发展。TC10 开展了"泛在网安全需求"标准项目,TC8 开展了"机器对机器通信的安全研究"项目。

CCSA 发布的 YDB 100—2012《物联网需求》和 YDB 101—2012《物联网安全需求》两个标准,主要分析了物联网存在的安全威胁,并以此为基础提出了物联网终端、物联网端节点、物联网接入网关、感知延伸网络、核心、接入网络和应用层及物联网层间等方面的安全需求。

(4) 中国物联网标准联合工作组

在国家标准化管理委员会、工业和信息化部等相关部委的共同领导和直接指导下,全国工业过程测量控制和自动化标准化技术委员会、全国智能建筑及居住区数字化标准化技术委员会、全国智能运输系统标准化技术委员会等 19 家现有标准化组织联合倡导并发起成立物联网标准联合工作组。联合工作组将紧紧围绕物联网产业与应用发展需求,统筹规划,整合资源,坚持自主创新与开放兼容相结合的标准战略,加快推进我国物联网国家标准体系的建设和相关国标的制定,同时积极参与有关国际标准的制定,以掌握发展的主动权。

2012 年 4 月,国际电信联盟审议通过了我国提交的"物联网概述"标准草案,使其成为全球第一个物联网总体性标准,该标准涵盖物联网的概念、术语、技术视图、特征、需求、参考模型、商业模式等基本内容,有利于转化我国已经形成的相关研究成果,对于指导和促进全球物联网技术发展、产业进步、成果应用等具有重要意义。

10.3 大数据安全

10.3.1 大数据基本概念

1. 大数据的概念

对于大数据的概念,业界尚未给出统一的定义。2011 年,美国著名的咨询公司麦肯锡(McKinsey)在研究报告《大数据的下一个前沿:创新、竞争和生产力》中给出了大数据的定义:大数据是指大小超出常规数据库软件工具收集、存储、管理和分析能力的数据集。根据

Gartner 的定义,大数据是需要新处理模式才能具有更强的决策力、洞察发现力和流程优化能力的海量、高增长率和多样化的信息资产。

美国国家标准与技术研究院(National Institute of Standards and Technology,NIST)的大数据工作组在《大数据:定义和分类》中指出:大数据是指传统数据架构无法有效处理的新数据集。针对这些数据集,需要采用新的架构来高效率地完成数据处理。

维基百科(Wikipedia)中,大数据则被定义为巨量数据,也称海量数据或大资料,是指所涉及的数据量规模巨大到无法人为地在合理时间内达到截取、管理、处理并整理成为人类所能解读的信息。

全球最大电子商务公司亚马逊的大数据科学家 John Rauser 给出了一个简单的定义:大数据是指任何超过了一台计算机处理能力的数据量。

而 EMC 公司给出的定义为数据集或信息,其中它的规模、发布、位置在不同的孤岛上,或它的时间线要求客户部署新的架构来捕捉、存储、整合、管理和分析,以便实现企业价值。

目前国内普遍将大数据解释为具有数量巨大、来源多样、生成极快且多变等特征并且难以用传统数据体系结构有效处理的包含大量数据集的数据。

从上述定义可以看出,大数据并不仅仅是数据本身,还包括大数据技术以及应用。从数据本身的角度出发,大数据是指大小、形态超出常规数据管理系统采集、存储、管理和分析能力的规模较大的数据集,同时这些数据间存在着直接或间接的关联,利用者通过大数据技术从而实现数据隐藏信息的挖掘和展示。根据来源的不同,大数据大致可分为以下 3 类。

① 来源于人。人们在互联网以及移动互联网活动中所产生的文字、图片、视频等数据。

② 来源于机器。以文件、数据库、多媒体等形式存在的计算机信息系统产生的数据。

③ 来源于物联网智能终端。随着物联网智能终端的快速部署,各类物联网智能终端所采集的数据,包括智能摄像头采集的视频、车联网产生的各种实时交通流量、各种可穿戴设备收集的人体的各种健康指数监控等。

大数据技术包括数据采集、预处理、存储、处理、分析和可视化,是将数据中的信息挖掘并展示的一系列技术和手段。

大数据应用则是对特定的大数据集,使用大数据技术和手段,实现有效信息的获取过程。大数据技术研究的最终目标就是从规模庞大的数据集中发现新的模式与知识,从而挖掘到数据隐藏的有价值的新信息。

2. 大数据的特征

国际数据公司(IDC)从大数据的四大特征来对大数据进行定义,即海量的数据规模(Volume)、快速的数据流转和动态的数据体系(Velocity)、多样的数据类型(Variety)以及巨大的数据价值(Value)。业界将这四大特征归纳为"4V"。

① 海量的数据规模。近些年全球的数据量急剧增加,社交网络、电子商务等将人们带入了一个以 PB 为单位的新时代。

② 快速的数据流转和动态的数据体系。这是大数据区分于传统数据挖掘的最显著特征。信息通常具有时效性,所以必须从各种类型的数据中快速获取信息,才能最大化地挖掘并利用有价值的信息。

③ 多样的数据类型。相比较以往便于存储的以文本为主的结构化数据,非结构化数据越来越多,包括日志、音频、视频、点击流量、图片、地理位置等,此外,还有一些半结构化数据,如电子邮件、办公处理文档等。

④ 巨大的数据价值。从大量的数据中挖掘并发现具有高价值的信息,如天气预测等。这一特征体现了大数据获取数据价值的本质。

此外,有学者在传统"4V"特征的基础上提出了大数据体系架构的"5V"特征。相比较"4V"特征,其增加了真实性(Veracity)特征,真实性特性包括了可信性、真伪性、来源和信誉、有效性和可审计性等子特性。

3. 大数据的作用

大数据作为一种重要的信息技术,已经深入到社会的各个行业和部门,将对社会各方面产生重要的作用。大数据的发展将改变经济社会管理方式,促进行业融合发展,推动产业转型升级,助力智慧城市建设,推动商业模式创新变革,同时还将改变科学研究的方法论。

(1) 改变经济社会管理方式

大数据技术作为一种重要的信息技术,对于提高安全保障能力、应急能力,优化公共事业服务,提高社会管理水平的作用正在日益凸显。除此之外,大数据还将推动社会各个主体共同参与社会治理。政府、企业、社会组织、公民等各种主体都将以更加平等的身份参与到网络社会的互动和合作之中,这对促进城市转型升级和提高可持续发展能力,提升社会治理能力,推进社会治理机制创新,促进社会治理,实现管理精细化、服务智慧化、决策科学化、品质高端化等都具有重要作用。

(2) 促进行业融合发展

随着移动互联网的快速发展,网络购物、社交网站、网络实时信息分享等在人们生活中不可或缺,社会主体的日常活动在网络空间虚拟的环境下得到承载和体现。信息的大量和快速流通将伴随着行业的融合发展,导致经济形态发生大范围变化。大数据应用的关键在于分享,行业或部门之间的数据共享和交换已经成为一种发展趋势。

(3) 推动产业转型升级

在面对多维、异构、爆发增长的海量数据时,传统的信息产业面临着有效存储、实时分析、高性能计算和多维异构处理等挑战,这些挑战将推动一体化数据存储处理服务器、内存计算、非结构化数据库等产品的升级创新,推动商业智能、数据挖掘等软件在企业级信息系统中的融合应用。

同时,"互联网+"战略使大数据在促进网络通信技术与传统产业密切融合方面的作用更加凸显。未来,大数据发展将不仅促使软硬件及服务等市场产生大量价值,还会加快有关传统行业的转型升级。

(4) 助力智慧城市建设

大数据与智慧城市是信息化建设的内容与平台,两者互为推动力量。智慧城市是大数据的源头,大数据是智慧城市的内核。

针对政府,大数据为政府管理提供强大的决策支持。在城市规划方面,通过对城市地理、气象等自然信息和经济、社会、文化、人口等人文社会信息的挖掘,大数据可以为城市规划提供强大的决策支持,强化城市管理服务的科学性和前瞻性;在智慧交通方面,收集海量的交通流量和车辆信息,能为人们的出行提供更加合理的规划。

针对民生,大数据将提高城市居民的生活品质。大数据是未来人们享受智慧生活的基础,大数据的应用服务将使信息变得泛在,使生活变得便捷。

(5)推动商业模式创新变革

大数据时代,产业发展模式和格局正在发生深刻变化。围绕着数据价值的行业创新发展将悄然影响各行各业的主营业态。而随之带来的,则是大数据产业下的各种商业模式的创新。

通过对大数据的分析处理,企业现有的商业模式、业务流程、组织架构、生产体系、营销体系将发生变革。数据将变成企业最为重要的资产之一,企业的发展将以数据为中心,通过数据分析,不断地挖掘客户潜在需求,对客户的潜在需求的挖掘,不仅能够提升企业运作的效率,同时还可以考虑社会对于企业的最新需求与自身业务模式的转型,调整企业的发展以适应社会。

(6)改变科学研究的方法论

大数据技术的兴起给传统的科学方法论带来了挑战和革命。随着计算技术和网络技术的发展,数据的采集、存储、传输和处理技术都已经非常成熟。在大数据时代,海量数据的处理所需要的技术和传统的数据处理技术不同,同时因为样本值的扩大,传统的数据处理方法无法处理海量的异构大数据,因此科学研究的方法也会随之而改变,不再是传统的"数据=样本",而是会有一些变化。

10.3.2　大数据安全威胁

信息技术的双刃剑属性在大数据领域有着显著的表现。Gartner 曾说过:"大数据安全是一场必要的斗争。"大数据在给人们的生活带来便利的同时,也带来了诸多的安全问题。本节将从数据安全和技术平台安全两个角度来阐述大数据发展面临的安全挑战。

1. 数据安全

大数据的数据体量巨大,而其中又蕴含着巨大的价值。所以数据安全保障成为大数据应用和发展中必须面临的重大挑战。

数据本是有生命周期的。数据的生命周期主要包括数据收集、数据存储、数据使用、数据分发以及数据删除几个阶段。

(1)数据收集

数据收集活动包括数据的获取和创建过程,主要操作包括发现数据源、收集数据、生成数据、缓存数据、创建元数据、数据转换、数据验证、数据清理、数据聚合等。数据收集的方式主要如下。

① 网络数据采集。通过网络爬虫等方式获取数据。

② 从其他组织获取数据。通过线上或线下等方式获取数据。

③ 通过传感器采集。目前常用的传感器包括温度传感器、摄像头等公共和个人的智能设备等。

④ 系统数据。组织内部的系统运行过程中产生的业务数据。

在数据的收集阶段涉及的安全问题有数据源鉴别及记录、数据合法收集、数据标准化管理、数据管理职责定义、数据分类分级以及数据留存合规识别等。

（2）数据存储

数据存储是指将数据持久地保存在大数据平台中，存储的数据包括采集的数据以及分析的数据等。存储系统应支持对不同数据类型和格式的数据的存储，并且需要提供多种数据访问接口，如文件系统接口、数据库接口等。存储活动的主要操作包括数据编解码、数据加解密、数据持久存储、数据备份、数据更新和数据访问等。

在数据存储阶段涉及的安全问题有存储架构安全、逻辑存储安全、存储访问安全、数据副本安全、数据归档安全等。

（3）数据使用

数据使用活动包括利用数据预处理、数据分析和数据可视化等技术从原始数据中提取有价值信息，支撑组织作出合理决策等操作。数据使用活动的主要操作包括数据查询、读取、索引、批处理、交互式处理、流处理、数据统计分析、预测分析、关联分析、可视化以及分析报告生成等。

在数据使用阶段涉及的安全问题有分布式处理安全、数据分析安全、数据加密处理、数据脱敏处理以及数据溯源等。

（4）数据分发

数据分发活动是将原始数据、处理后数据以及分析后数据等不同形式的数据传递给外部实体或组织内部的其他部门。数据分发阶段的主要操作有数据传输、数据交换、数据交易、数据共享等。

在数据分发阶段涉及的安全问题有数据传输安全、数据访问控制、数据脱敏处理等。

（5）数据删除

数据删除是指删除大数据平台或租用的第三方大数据存储平台上的数据及其副本。若数据来自于外部实时数据流，还应断开与实时数据流的连接。数据删除阶段的主要操作包括删除元数据、原始数据及副本，断开与外部实时数据流的连接等操作。

2. 技术平台安全

伴随着大数据的不断发展，各种大数据技术层出不穷，新的技术架构、支撑平台和大数据软件不断涌现，使得大数据在技术平台层面面临着很多安全挑战，如传统安全措施适配、平台安全机制、应用访问控制等问题。

（1）传统安全措施适配困难

大数据的多源、海量、异构、动态等特征导致其与传统的数据应用安全环境有很大区别。大数据应用多采用底层复杂、开放的分布式计算和存储架构，这些技术和架构使得大数据应用的网络边界变得模糊，传统基于边界的安全保护措施不再有效。

此外，新形势下高级持续性威胁（APT）、分布式拒绝服务（DDoS）攻击、基于机器学习的个人隐私发现等新型攻击手段，也使得传统的安全控制措施暴露出严重不足。

（2）平台安全机制有待改进

现有大数据应用中多采用通用的大数据管理平台，如基于 Hadoop 生态架构的 HBase/

Hive、Cassandra/Spark 等。这些平台多是基于 Hadoop 框架进行二次开发所得,但 Hadoop 框架的安全机制并不完善,导致大部分平台存在身份认证、权限控制、安全审计等安全机制不健全的问题。即使有些平台做了改进,如增加了 Kerberos 身份鉴别机制,但整体安全保障能力仍然比较薄弱。

同时,大数据应用中多采用第三方开源组件,对这些组件缺乏严格的测试管理和安全认证,使得大数据应用对软件漏洞和恶意后门的防范能力不足。

（3）应用访问控制愈加复杂

访问控制是实现数据受控访问的有效手段。但大数据应用范围广泛,并且应用场景中存在大量未知的用户和数据,使得预先设置角色及权限变得十分困难。即使可以事先对用户权限进行分类,但由于用户角色众多,难以细致划分每个角色的实际权限,从而导致无法准确为每个用户指定其可以访问的数据范围。

10.3.3　大数据安全标准

2017 年 4 月,在全国信息安全标准化技术委员会 2017 年第一次工作组"会议周"上发布的《大数据安全标准化白皮书（2017）》（以下均简称"白皮书"）中提出了大数据安全标准体系框架。该框架的构建基于国内外大数据安全实践及标准化现状,并结合了未来大数据安全发展趋势,由基础类标准、平台和技术类标准、数据安全类标准、服务安全类标准以及行业应用类标准 5 个类别标准组成。

此外,根据大数据安全标准体系框架,通过对 5 个类别标准进行需求梳理,还确定了大数据安全标准规划,如图 10-2 所示,它为我国近期大数据安全标准的制修订提供指引。

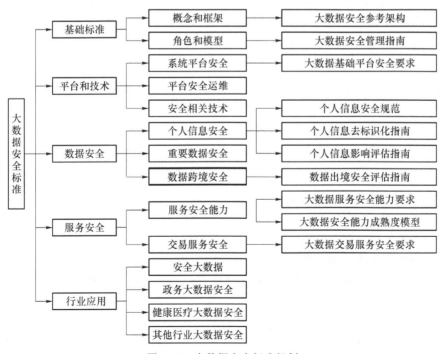

图 10-2　大数据安全标准规划

（1）《大数据安全参考架构》（建议研制）

该标准给出大数据安全参考模型，明确大数据平台和应用应提供的安全功能组件，以及安全组件之间的安全接口，为其他大数据安全标准提供基础支撑。

（2）《大数据安全管理指南》（在研）

该标准明确了大数据生态中各安全角色及其安全责任，建立大数据安全管理模型，围绕数据生命周期管理各阶段，提出安全控制措施指南。

（3）《大数据基础平台安全要求》（建议研制）

该标准的标准化对象为大数据框架提供者所构建的大数据基础平台，规范大数据基础平台的各项安全技术要求，如安全防御、检测方面的技术要求。

（4）《个人信息安全规范》（在研）

该标准提出了通过计算机系统处理个人信息时应当遵循的原则和采取的安全控制措施。

（5）《个人信息去标识化指南》（建议研制）

该标准提出个人信息去标识化的具体指导，包括原则、方法和流程，用于指导个人信息控制者开展个人信息去标识化工作，在平衡数据可用性和个人信息安全的前提下促进数据的开放、共享和交易。

（6）《个人信息影响评估指南》（建议研制）

该标准提出了个人信息影响评估的原则、方法、流程，用于指导组织评估个人信息处理活动对个人信息主体合法权益可能造成的影响，并指导组织采取必要的措施降低不利影响的风险。

（7）《数据出境安全评估指南》（建议研制）

该标准规定了数据跨境流动安全评估指标及评估办法，使政府及企业自身可以对数据跨境流动安全进行全面评估。

（8）《大数据服务安全能力要求》（在研）

该标准规范了大数据服务提供者在提供服务时应该具备的基本安全能力、数据服务安全能力和系统服务安全能力。

（9）《大数据交易服务安全要求》（建议研制）

该标准旨在规范大数据交易服务平台的安全交易流程和安全要求，包括安全技术和安全管理方面的要求，在保障数据交换和共享过程中数据安全的同时，保护数据挖掘利用过程中的数据安全和个人信息安全要求，旨在减少现有大数据交易中出现的各种安全问题，包括交易中的信息泄密、数据滥用和个人信息泄露等问题。

（10）《大数据安全能力成熟度模型》（建议研制）

该标准旨在帮助大数据组织建立一套评价数据安全管理、系统安全建设和运维能力的通用术语和成熟度评价模型，为第三方机构评价组织的数据安全成熟度水平提供了依据基准，以促进大数据行业的健康发展和公平竞争。

10.4　思　考　题

1. 什么是云计算？它具有哪些特征？
2. 云计算的发展面临哪些安全挑战？
3. 什么是物联网？物联网架构分为哪几层？
4. 大数据的定义是什么？大数据具有哪些特征？
5. 在数据生命周期的各个阶段中,分别涉及哪些安全问题？

参 考 文 献

[1] 中华人民共和国国家互联网信息办公室网站[EB/OL].[2018-03-05].http://www.cac.gov.cn/.

[2] 左晓栋.网络空间安全战略思考[M].北京:电子工业出版社,2017.

[3] Schmitt M N. Tallinn Manual on the International Law Applicable to Cyber Warfare[M].Cambridge:Cambridge University Press,2013.

[4] Schmitt M N. Tallinn Manual 2.0 on the International Law Applicable to Cyber Operations[M].Cambridge:Cambridge University Press,2017.

[5] 信息安全国际行为准则[EB/OL].[2018-03-26].https://baike.baidu.com/item/信息安全国际行为准则/6020740.

[6] 沙克瑞恩 P,沙克瑞恩 J,鲁夫.网络战:信息空间攻防历史、案例与未来[M].北京:金城出版社,2016.

[7] 董爱先.国际网络空间治理的主要举措、特点及发展趋势[J].信息安全与通信保密,2014(1):36-41.

[8] 董俊祺.韩国网络空间的主体博弈对我国信息安全治理的启示——以韩国网络实名制政策为例[J].情报科学,2016,34(4):153-157.

[9] 方兴东,张笑容,胡怀亮.棱镜门事件与全球网络空间安全战略研究[J].现代传播,2014,36(1):115-122.

[10] 钟颖.论网络空间安全规则制定——以《信息安全国际行为准则》(草案)为切入点[J].法制博览,2017(8):68-69.

[11] 杨嵘均.论网络虚拟空间的意识形态安全治理策略[J].马克思主义研究,2015(1):98-107,159.

[12] 朱峰,王丽,谭立新.俄罗斯的自主可控网络空间安全体系[J].信息安全与通信保密,2014(9):68-73.

[13] 李传军.论网络空间全球治理中的国际合作[J].广东行政学院学报,2017(5):19-24.

[14] 苏红红.中美网络空间合作:现状、动因与前景[J].东北亚学刊,2017(1):59-64.

[15] 方兴东,邬克,张静."一带一路"互联网优先战略研究[J].现代传播,2016(3):122-128.

[16] 侯欣洁,王灿发.网络空间四大治理体系的理念与共识解析[J].新闻爱好者,2016(12):24-27.

[17] 王楠,单棣斌,岳婷,等.以社会工程学进行信息安全攻击的心理学分析[J].中国管理信息化,2017,20(2),168-172.

[18] 李润鑫,社会工程学[EB/OL].(2015-11-12)[2018-01-04].http://www.worlduc.com.

［19］ 社会工程学知识大全［EB/OL］. (2015-10-11)［2018-01-03］. http://www. docin. com.

［20］ 社会工程学［EB/OL］. (2016-01-20)［2018-01-09］. http://www. docin. com.

［21］ 社工介绍及防范［EB/OL］. (2016-03-04)［2018-01-09］. http://www. wenku. baidu. com.

［22］ 讲解社会工程学攻击的防范［EB/OL］. (2016-05-07)［2018-01-03］. http://www. wenku. baidu. com.

［23］ 月光博客. 加密技术在企业数据安全中的应用［EB/OL］. (2012-05-06)［2017-02-19］. http://blog. donews. com.

［24］ 陈灯川. 基于 FPGA 的 IDE 硬盘实时加解密和还原的研究与实现［D］. 南京:南京航空航天大学,2017.

［25］ 三种数据存储方式介绍［EB/OL］. (2008-11-11)［2017-12-26］. http://www. 360doc. com.

［26］ 数据安全需要做什么［EB/OL］. (2010-08-12)［2017-12-26］. http://bbs. hexun. com.

［27］ 蒲仕俊. 基于主机系统的电子商务安全体系结构及实施方案［D］. 成都:电子科技大学，2007.

［28］ 叶玉晨. 企业数据安全技术研究［J］. 知识经济,2010(11):92-92.

［29］ 王洪征. 基于文件过滤驱动的加密系统设计与实现［D］. 上海:上海交通大学,2008.

［30］ 胡越乔. 计算机数据备份和数据恢复技术分析［J］. 中国战略新兴产业，2017(48):97-97.

［31］ 黄仁杰. 基于 IPTV 的在线游戏系统的研究［D］. 武汉:华中科技大学,2007.

［32］ 魏苑琦. 基于面向对象的网络加密锁服务程序的设计与实现［D］. 武汉:华中师范大学,2006.

［33］ 季婉婉. 大数据环境下基于 SNA 的舆情监控研究［D］. 天津:天津工业大学,2017.

［34］ 刘杜杨. 网络舆情监督管理系统的设计与实现［D］. 成都:电子科技大学,2013.

［35］ 靳戈. 网络舆情分析方法研究［D］. 北京:北京大学,2013.